原作者：
維·比安基

（Vitaly Valentinovich Bianki, 1894-1959）
蘇聯著名兒童文學作家。

1894 年 2 月 11 日生於聖彼得堡。父親是生
物學家，在家裡養著許多飛禽走獸。受父親
及這些終日為伴的動物之影響，比安基從小
就熱愛大自然，對大自然的奧秘產生了濃厚
的興趣，有一種探索其奧秘的強烈願望。他
大學念彼得堡大學物理數學系。在科學考察、
旅行、狩獵及與護林員、老獵人的交往中，
他留心觀察和研究自然界的各種生物，累積
了豐富的素材，為以後的文學創作打下了堅
實的基礎，也使筆下的生靈栩栩如生，形象
逼真動人。有「發現森林第一人」、「森林
啞語翻譯者」的美譽。
1928 年問世的《森林報》是他正式走上文學
創作道路的標誌。1959 年 6 月 10 日，比安
基在列寧格勒（1924－1991 年，聖彼得堡
更名為列寧格勒）因病逝世，享年六十五歲。
他的創作除了《森林報》，還有作品集《森
林中的真事和傳說》（1957 年），《中短篇
小說集》（1959 年），《短篇小說和童話集》
（1960 年）。

改編者：**子陽**

本名周成功，又名佳樂，小時候的願望
是：諾貝爾文學獎！
來自鄉村，從小到大，大自然是他的好
朋友。《森林報》編譯於 2013 年初，
由於之前閱讀了大量的外國名著，所以
當時有了寫作的衝動。後來，小侄子周
家安越長越可愛、聰穎，便決定把它送
為小侄子成長的禮物！

插畫家：**蔡亞馨**

東海美術研究所。
心中懷著一顆溫暖的小星星，住著精靈、小獸和植物，
個性鮮明的角色乘著她的筆，懷抱著無懼來到這個世界，
將傾訴的想望轉為色彩絢爛的詩篇。
Facebook 粉絲頁：趨蘙盟 ＜ㄉㄨㄛˇㄇㄥˊㄍㄨㄢˋ＞
https://www.facebook.com/doradora2014

森林報
秋之紅

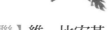

原　著｜【前蘇聯】維·比安基
編　譯｜子陽
插畫家｜蔡亞馨

森林報
秋之紅　目錄

SEVEN
候鳥辭鄉月（秋季第1月）

森林報
秋之紅　目錄

森林報
秋之紅 目錄

寫給小讀者的話

在普通的報紙、期刊上，人們看到的盡是些人的消息、人的事情，但是，孩子們關心的卻是那些飛禽走獸，想知道牠們是如何生活。

森林裡聚集了城市裡沒有的見聞，森林有著愉快的節日也有著可悲的事件。可是，這些事情卻很少在城市中看到，比方說，在嚴寒的冬季裡，有沒有小蚊蟲從土裡鑽出來，牠們沒有翅膀，光著腳丫在雪地上亂跑？有沒有林中的大漢——駝鹿在打架？有沒有候鳥大搬家，秧雞徒步走過整個歐洲？

所有這些森林裡的新聞，在《森林報》上都可以看到。

《森林報》有 12 期，每月一期，《森林報》的編輯們把它編成了一部書。每一期的內容有：編輯部的文章、森林通訊員的電報和信件，以及打獵的事情等。

《森林報》是在 1927 年首次出版的，從那以後，經過很多次的再版，每一次的再版都會增加一些新的專欄。

我們《森林報》曾派過一位記者，去採訪非常有名的

獵人塞索伊奇。他們一起去打獵，一起嘗試著冒險。塞索伊奇向我們《森林報》的記者說了他的種種奇怪事情，記者把那些故事記下來，寄給了我們的編輯部。

《森林報》是在列寧格勒出版的，這是一種非官方性的州報，它所報導的，多數是列寧格勒省或市內的消息。

不過，蘇聯幅員遼闊，常常會在同一時間，出現這樣的光景：在北方邊境上，暴風、暴雪正在下不停，把人們凍得都不敢出門；在南方邊境上，卻百花競豔，處處一片欣欣向榮；在西部，孩子們剛剛睡覺，在東部，已經是豔陽高照。

所以，《森林報》的讀者提出了這樣的一個希望，希望能從《森林報》上看到全國的事。

基於這些，我們開闢了【來自四面八方的趣聞】這一個專欄。

我們給孩子提供了許多有關動植物的報導，這會增加他們的視野，使他們的眼界變得更為開闊。

我們還邀請了很有名的生物學家、植物學家、作家尼娜‧米哈依洛芙娜‧巴甫洛娃等為我們寫報導，談談有趣的植物與動物。

我們的讀者應該瞭解這些，這樣，才能改造自然，盡自己的所能管理動物和植物，並與之和諧地生活。

等我們的讀者長大了，是要培育驚人的新品種，去管理牠們的生活，以使森林對國家有益。

然而有這些遠大的志向，要想得以實現，首先要熱愛和熟悉自己國家的領土，應當認識在它上面生長的動物和植物，並瞭解牠們的生活。

在經過了九版的審閱和增訂後，《森林報》刊出了《一年——分作 12 個月的太陽詩篇》一文，其中每個月份的名稱，都用了一個修飾的詞語，用來代表當月的特色，比如，「三月裡恭賀新年」、「融雪的四月份」、「歌舞的五月」等。

我們用生物學博士尼‧米‧巴甫洛娃寫的大量報導，擴充了【農莊快訊】這一欄。我們發表了戰地通訊員從林中巨獸的戰場上發來的報導，也為釣魚愛好者開闢了【祝鉤鉤不落空】一欄。

希望小讀者們能從中獲益！

《森林報》的第一位駐地通訊員

　　以前，居住在列寧格勒或者是林區的居民，經常可以看到這樣的一個人，他戴著一副眼鏡，目光專注。他在做什麼呢？原來，他是一個教授，在聆聽鳥兒的叫聲，觀察蝴蝶飛舞。

　　像大城市的居民，並不善於發現春天裡新出現的鳥兒或蝴蝶；不過，林中發生的任何一件新鮮事，都逃不過他的眼睛。

　　他叫德米特里‧尼基福羅維奇‧卡依戈羅多夫，他對城市及其近郊充滿活力的大自然觀察整整 50 年了。

　　在這半個世紀的歲月裡，他看著春天送走了冬天，夏天送走了春天，秋天送走了夏天，冬天送走了秋天。他看到鳥兒飛來又飛去，花兒開了又落，還有樹木的繁華與凋零。這些他都一絲不苟地觀察和記錄，然後發表在報上。

　　他還呼籲大家要觀察大自然，尤其是對青少年，他寄予了厚望，他把觀察所得寄給了他們。

　　許多人回應了他的呼籲，他的那支隊伍也逐漸壯大。

如今，熱愛大自然的人，例如方志學家、學者，還有少年隊員和小學生，都陸陸續續地投入了德米特里·尼基福羅維奇開創的先例中，繼續觀察並收集結果。

　　在 50 年的觀察中，他積累了許多心得，他把這些整合在一起。讓後世的許多科學家及讀者看到了一個前所未有的世界，他們知道春季的時候什麼鳥兒會飛到這裡，秋季裡牠們又飛往何方，他們知道了鮮花和樹木如何生長。

　　他還為孩子和大人們寫了許多有關鳥類、森林和田野的書籍。他親自在小學裡工作過，總結了他的經驗：比起書本，孩子們更喜愛研究大自然了，尤其是在林間散步的時候。

　　但是，我們這位偉大的先驅，卻於 1924 年 2 月 11 日，由於久患重病，未能活到新一年春季的來臨就離世了。

　　他是我們《森林報》的第一位駐地通訊員，我們將永遠紀念他。

森林年

　　讀者們可能會認為印在《森林報》上有關森林和城市的消息都不是新聞，其實不是這樣子的。每年都有春天，然而每一年的春天都是嶄新的，無論你生活了多少年，你不可能看見兩個完全相同的春天。

　　「年」彷彿一個裝著十二個月的車輪：十二個月都閃過一遍，車輪就轉過整整一圈，於是又輪到第一個月閃過。

　　可是車輪已經不在原地，而是遠遠地滾向前方了。

　　又是春季到了，森林開始復甦，狗熊爬出洞穴，河水淹沒居住在地下的動物們，候鳥飛臨。鳥類又開始嬉戲、舞蹈，野獸生下幼崽兒。讀者就將在《森林報》上發現林間最新的消息了。

　　這裡刊登的每年森林曆，與一般的年曆有許多不同，不過，也不要驚訝。

　　對於野獸和鳥類，牠們不像人類，牠們有著特殊的年曆。林中的一切都按照太陽的運行而去生活。

　　一年之中，太陽在天空要走完一個圈。它每月會經過

一個星座，即黃道十二宮的其中一宮。

在森林年曆上，新年發生在春季第一月，也就是在太陽進入白羊星座的時候。那時，會有一個歡快的節日，當森林送走了太陽時，憂愁寡斷也會來臨。

習慣上，我們把森林年曆劃分為十二個月，只是對這十二個月的稱呼是按照森林裡的方式。

地球將圍繞著太陽作圓周運動，每年會有一次。而太陽的這一移動路線就叫做「黃道」，沿黃道分佈的黃道十二星座總稱「黃道帶」。這十二個星座對應了十二個月，每個月用太陽在該月所在的星座符號來標示。

由於春分點不斷移動，70 年大概移動 1 度，就目前太陽每月的位置，都在兩個鄰近星座之間。但每個月仍會保留以前的符號，十二個星座從 3 月 20 日或 21 日春分為起點，依次為：白羊座、金牛座、雙子座、巨蟹座、獅子座、處女座、天秤座、天蠍座、人馬座、摩羯座、寶瓶座和雙魚座。

一月到十二月的森林曆

春季	春季第一月	3 月 21 日起至 4 月 20 日止	白羊座
	春季第二月	4 月 21 日起至 5 月 20 日止	金牛座
	春季第三月	5 月 21 日起至 6 月 20 日止	雙子座
夏季	夏季第一月	6 月 21 日起至 7 月 20 日止	巨蟹座
	夏季第二月	7 月 21 日起至 8 月 20 日止	獅子座
	夏季第三月	8 月 21 日起至 9 月 20 日止	處女座
秋季	秋季第一月	9 月 21 日起至 10 月 20 日止	天秤座
	秋季第二月	10 月 21 日起至 11 月 20 日止	天蠍座
	秋季第三月	11 月 21 日起至 12 月 20 日止	人馬座
冬季	冬季第一月	12 月 21 日起至 1 月 20 日止	摩羯座
	冬季第二月	1 月 21 日起至 2 月 20 日止	水瓶座
	冬季第三月	2 月 21 日起至 3 月 20 日止	雙魚座

SEVEN
候鳥辭鄉月
秋季第1月

鳥兒準備還鄉的九月

　　9月，天高霧濃，鳥獸哀嚎。天空開始變得陰鬱起來，並且刮起了秋風。秋天的第一個月份來了。

　　和春天一樣，秋天也有著自己的工作日程。而秋天和春天的到來卻相反，秋天是從空氣中開始的。這時候，大家可以看到，樹上的葉子先變色，由黃到紅，然後到褐色。秋天，陽光沒有那麼強烈，但葉子卻開始一片片枯萎。在枝條上長著葉柄的地方，一片片的樹葉開始脫落。有時候，當風刮起來的時候，那些葉子就會落到地上：紅色的白楊樹葉，黃色的樺樹葉，在秋天裡，都會悄無聲息地掉落到地上。

　　早晨，當你打開窗子，會看到不同尋常的景象：草地上下了白霜，你得在日記裡寫下這句話「今天，秋天開始了！」從這一天開始，樹葉會越來越頻繁地從枝頭掉落，待到寒風來臨，終算脫完夏日裡亮麗的綠色盛裝。

　　此時，雨燕也不見了。在我們這裡，燕子和其他的候鳥都聚集在一起，好像商量著要趁黑夜飛向遠方。

　　空氣中的溫度正越來越低；在水中，也很少有人去游

泳。

這時，還會讓人想起夏天，那時候的陽光明媚，熏風和暢，在田野裡有嫩綠的莊稼，在空中有蜘蛛網像遊絲似的飛盪。

但即使是在秋天，村裡的人也會滿臉喜氣，望著生機勃勃的秋苗，說：「秋老虎來了！」

至於森林裡的居民們，牠們都開始忙碌著準備過冬了；在即將來臨的日子裡，儘量將自己裹得嚴嚴實實，在牠們的經驗中，明年春天來臨之前，一切的生命都會歸於靜止。

可兔媽媽不願意相信夏天已經過去了，因為牠這時又生下了一窩兔寶寶。這些兔寶寶叫「落葉兔」。

再看看晚季的蜜環菌，才知道夏天確實結束了。

我們《森林報》的通訊員此時仍在活躍著，他們給編輯部發來了一封電報，報告這些天來的所見所聞。

在這個月份裡，鳥兒會像春天一樣，開始大規模地遷徙，不過，這一次是從北方飛往南方。

秋季開始了！

來自森林裡的第四份電報

在夏天裡穿著五彩斑斕衣服的鳴禽不見了，牠們是怎麼出發的，沒有人看見。因為，牠們是在半夜裡飛走的。

鳥兒們都喜歡在半夜裡飛走，牠們認為半夜很安全，老鷹、雕和其他猛禽不會來襲擊牠們。不像在白天，這些傢伙會從林子裡飛出來，在半路上潛伏著。

而那些水鳥，像野鴨、大雁等，已經在長途飛行的海上航線上了。牠們有時候會在中途的地方停留，牠們停留的地方都是牠們認為春天已經來到的地方。

在森林裡，葉子變黃了，兔媽媽又生下了6隻小寶貝，牠們是今年最後的一窩小兔，大家叫牠們「落葉兔」。

在夜裡，在長滿水藻的岸灘上，不知是誰留下了一個個腳印。於是，我們在那裡搭了一個小棚子，想仔細看看，到底是誰那麼淘氣留下了自己的腳印。

告別的歌聲

在白樺樹上，葉子已經稀落，枝頭有被椋鳥拋棄的窩，正孤零零地待在那裡。這時，忽然有兩隻椋鳥飛回來了。雌鳥進了窩，在窩裡忙活著，雄鳥則停在一根樹枝上，先四下裡張望，然後唱起歌來。看樣子，牠是在自娛自樂。

牠唱完歌後，雌鳥飛出了窩，雄鳥跟著雌鳥也飛走了。

牠們要離開了，不是今天離開，而是明天要踏上萬里的征程。牠們今天來，是向牠們的家告別的，不過，明年春天，牠們還會再次來到這個家中。

花園外的見聞

9 月 15 日的早晨，像往常一樣，我走向花園裡。還在花園外，我看到天空高高的，沒有一絲雲。在附近的喬木、灌木和青草間，掛滿了銀色的蜘蛛網。有一隻小蜘蛛在兩棵雲杉的樹枝間縮成一個很小的球，牠待在那裡一動也不動。此時，還沒有蒼蠅，牠正好睡覺。也可能牠被凍死了吧！於是，我走向那隻小蜘蛛，用手指碰了牠一下。牠沒有抵抗，竟像一粒小石子般掉在地上，我看到牠落在了草地裡，不一會兒又跳起來，並飛速地跑開。好一個狡猾的

傢伙！

　　我不知道牠還會不會回來，是否能找到自己的網，或者要另外織一面新的網呢？要知道，織一張網蜘蛛可要花費很多心血，牠得前後來回跑很多趟，既要打結子，又要繞圈子，多累啊！

　　我再看看小草上，露珠正閃爍著光輝，好像人的睫毛上的淚珠一樣。

　　在路旁邊，有幾朵野菊花盛開著，牠們的裙子耷拉著，好像在等待著太陽把牠們溫暖起來。

　　在空氣中，不論是樹葉，還是被露珠沾染的青草，一切都顯得那麼漂亮、華麗，給人一種快活的感覺。

　　我還看到小河變得很藍，有一棵蒲公英冠毛粘在一起、渾身濕淋淋的。還有一隻毛茸茸的灰蛾，渾身濕漉漉、翅膀有些破損地躺在地上，看樣子是被鳥兒攻擊了。再想想，今年夏天我路過這裡的時候，蒲公英的枝頭上有著成千上萬個小降落傘，那時牠顯得多麼有活力。而灰蛾也是毛蓬蓬的，腦袋光溜溜的，正在天空中飛舞呢！

　　我很可憐牠們，把飛蛾放到蒲公英上，又端詳了很久，直到太陽曬到牠們。這時候的灰蛾和蒲公英都濕漉漉的，

沒有一點朝氣，但漸漸地在陽光下蘇醒過來了。蒲公英黏在一起的冠毛張開了，變得潔白並輕飄飄的。灰蛾的翅膀從內部恢復了活力，慢慢地變得蓬鬆了。牠們倆都變得美極了！

這時候，一隻黑琴雞在附近嘰哩咕嚕地叫著。

我走過去，想偷偷地溜到牠的身邊，看看牠在秋天時是怎麼叫喚。可是我還沒有走幾步，牠已經撲哧哧一搧翅膀，從我身邊飛了過去，我不禁打了一個哆嗦。

原來牠發現了我，逃走了呢！

這時候，天空中傳來了陣陣的喇叭聲，我抬頭一看，是一群鶴正從我頭頂飛過。

牠們漸漸地飛遠了……

駐地森林記者　維麗卡

森林裡的大事兒

水上長途旅行

一些將要枯萎的草兒在地上無精打采地低著頭。

長腿的秧雞，又開始踏上了遙遠的征程。

潛鴨和潛鳥在水上長途飛行線上。牠們有時會潛到水裡捉魚，牠們就那麼在水裡遊著，遊過湖泊和水灣。牠們不必像野鴨那樣，不必先在水面上微微抬起身子，再猛的一下扎進水裡。牠們的身子很靈巧，只要把頭一低，再一使勁，就能鑽到深水裡了。潛鴨和潛鳥在水底就像在家裡一樣，沒有猛禽可以去跟蹤牠們。牠們的速度很快，有時能超過魚。

至於潛鴨和潛鳥的飛行本領，比起猛禽來說就差遠了，但牠們卻不必像猛禽那樣冒險飛行，能在水中游泳，牠們一樣可以達到長途旅行。

林中大漢的戰鬥

傍晚，森林裡發出吼叫聲。是林中的大漢，兩隻長著犄角的大公駝鹿，一步步地從密林裡走了出來。牠們來到

26

一個空地，相互對峙著，好像那聲音是從肺臟裡發出來的。

　　牠們用蹄子刨地，並搖晃著頭上的兩個大犄角。在牠們的眼裡，充滿了焦急與血絲，牠們開始互相攻擊，頓時兩個犄角鉤在一起，使勁用力，企圖把對方打趴。

　　牠們一會兒又分開了，接著又打在一起。

　　笨重的犄角一相撞，就發出轟隆轟隆的聲音。

　　牠們又打了好半天，終於有一隻公駝鹿戰敗了，慌慌張張地從戰場上逃跑；牠的身上留著鮮血，還有很多處受了傷。而那隻戰勝的公駝鹿，還想用蹄子繼續把牠踢死。

　　這時，牠吼叫了起來，這是勝利的聲音。

　　在密林深處，有一隻沒有犄角的母駝鹿正等著牠，牠將成為這一帶地方的主人。

　　在接下來的日子裡，牠不容許其他的公駝鹿跑到牠的領地，就連年輕的小公駝鹿也不允許。牠一見到牠們，就會把牠們攆走。

　　牠那震耳欲聾的聲音，威懾著每一個挑戰者！

紅梅苔子

　　在沼澤地上，紅梅苔子[1]已經成熟了。紅梅苔子生長

在泥炭土堆上，牠的漿果在老遠就能看得見，只是看不清漿果長在什麼地方，只有走近觀察一番，才會發現，在苔蘚的墊子上，有紐細的莖，在莖的兩邊長著又小又硬發亮的葉子。

這就是整個一株小灌木！

鳥兒起飛了

在每個白天與夜晚，都有飛行的旅客上路，牠們不急不躁、從容不迫，有時會做長時間的停留，這和在春天時不一樣。看來，牠們並不想離開。

牠們遠遷的次序是這樣子的：首先飛的是光彩豔麗的鳥兒，最後起飛的卻是春季最早到來的鳥兒，例如蒼頭燕雀、海鷗、雲雀。往往飛在前面的是年輕的鳥兒，蒼頭燕雀的雌鳥比雄鳥先飛。

我們這兒的鳥兒大部分直接飛往南方，牠們到達的國家是西班牙、義大利、德國，有的可以飛到地中海甚至是

---

1. 紅莓苔子（*Vaccinium oxycoccos*），常綠灌木，高 10～15 公分；莖纖細，有細長匍匐的走莖，長可達 80 公分。莖分枝，直立上升，莖皮成條狀剝離。花期 6～7 月，果期 7～8 月。生長於有苔蘚植物的水濕臺地，植株下部埋在苔蘚中，僅上部露出。廣佈於北半球亞寒帶、寒帶的沼澤地。

非洲。也有一些鳥兒會飛到東邊，牠們會經過烏拉爾、西伯利亞，飛到中國、印度，甚至是太平洋彼岸的美洲。

遙遠的路程，在牠們的身下一一閃過。

等待被帶走

喬木、灌木和草本的植物，此時都在忙著安置自己的後代。

在楓樹的枝條上，有一對對翅果，牠們已經都分開了，只要風經過，就可以把牠們帶走。

還有其他的草木等待著風兒，像大薊[2]，在大薊的莖幹上，有一束束蓬勃的淡灰色絲狀的小毛；像山柳菊[3]，牠的小球毛茸茸的，在天氣晴朗時，微風可以把牠們吹到天南海北；像香蒲，牠把莖伸到其他野草的上面，莖上的梢頭裹著棕紅色的外衣。

另外，還有許多植物，牠們的果實上附帶著很多小毛，是在等待著風把牠們帶走啊！

在田野上，在道路和溝渠兩旁，牠們希望的不是風而是動物，那些長有兩腳或四腳的動物會把牠們帶走。像牛蒡，牠的頭狀花序先端有鉤刺狀的總苞片，倒卵形的瘦果

先端有刺毛，裡面有很多種子；像鬼針草，帶著三個角的黑色種子，喜歡扎到人的襪子上；像拉拉藤〔茜草科豬殃殃屬（拉拉藤屬）〕，牠們喜歡扎住東西，把牠們圓形的果實扎進別人的衣服裡，然後被帶走。

H. 帕甫洛娃

秋天的蘑菇

秋天時，在森林裡真荒涼，四處光禿禿、濕漉漉的，並且還散發著腐爛的氣味。但有一些蘑菇，讓人看了覺得很舒服。

在森林裡，有一堆堆蘑菇聚集在樹墩上，有的散佈在地上，有的還爬上了樹幹。

---

2. 大薊（*Cirsium japonicum*），菊科薊屬，多年生直立草本，具有多數肉質圓錐根。全株有硬刺，密被白色軟毛；葉子互生，羽狀分裂。頭狀花序頂生，初夏開紫紅色花，球形或橢圓形，總苞黃褐色，羽狀冠毛灰白色；果為瘦果，長橢圓形稍扁。分佈於蘇聯、朝鮮、日本、台灣以及中國大陸等地，低至高海拔地區都能生長，一般生於荒地、草地、山坡林中、路旁、灌叢中、田間、林緣及溪旁。有人工栽培作藥用，主治吐血、便血、尿血、創傷出血等症狀。

3. 山柳菊（*Hieracium umbellatum Linn.*），菊科山柳菊屬，廣泛分佈於歐亞洲。高 60～90 公分。基生葉線狀長橢圓形，莖上的葉互生，無柄，狹披針形或線形。頭狀花序，花序內全為舌狀花，有十餘朵，花冠黃色。瘦果長圓形，頂端有淡褐色的冠毛。生長於海拔 350 公尺至 2,400 公尺的地區，常生於林下、山坡林緣、跡地、草叢中和河灘地。

這時，採蘑菇的人就很多了。在這裡採蘑菇，不到幾分鐘，就可以採了滿滿的一籃，而且還只是在附近採，專挑好的採呢！

有一種小蘑菇叫小洋口蘑，牠們的帽子繃得緊緊的，就像孩子頭上扣著的小帽，在下面還圍著一條白色的小圍巾。再過幾天，帽子的邊緣就會翹起來，變成一頂真正的帽子，圍巾到時也就成為領子了。小洋口蘑的整個帽子像煙絲般的小鱗片，至於是什麼顏色，看上去是一種淡褐色，不過，牠的帽子下面有點白色的，當牠成了老洋口蘑時，整個顏色就變成淺黃色的了。

可是你是否發現，當老洋口蘑蓋上小洋口蘑時，會讓人覺得上面灑滿了粉末。你會想到是孢子，而不是長出來的黴點啊！

如果你想吃洋口蘑，就要明白牠的特徵。在市場上，不要把牠們和有毒的蘑菇混為一談。因為有些毒蘑菇像洋口蘑一樣，也長在樹墩上，不過毒蘑菇的帽子下都沒有領子，帽子的顏色很鮮亮，有黃色的，有粉紅色的，至於毒蘑菇的孢子，多數是烏黑色的。

H. 帕甫洛娃

來自森林裡的第五份電報

在我們潛伏的地方看清楚了，是誰在海灣沿岸上留下了牠們的腳印。原來是鷸的所作所為！

在帶著淤泥的海灣，有牠們可以進食的許多小飯館。牠們在那兒停留歇腳，找東西吃。牠們邁著大大的長腿，在鬆軟的淤泥上走來走去，從而留下三個分得開的腳趾印。牠們會把嘴插到淤泥裡，從那裡啄出小蟲來，因而也可以看到一個個小點子。

另外，我們捉了一隻整個夏季都住在我家屋頂上的鸛，給牠套上了一個很輕的鋁制的腳環，在腳環上刻著一行字：Moskwa, ornitolog·Komitet A. No. 195（莫斯科·鳥類學委員會·A 型 195 號）。後來，我們把這隻鸛放飛，牠帶著腳環飛走了。如果有人發現牠在哪裡越冬，要記得告訴我們，我們會從報上得知，牠飛到了哪些地方。

森林裡的樹葉又變了顏色，正一片一片地脫落。

《森林報》特約通訊員

白天裡的襲擊

在列寧格勒伊薩教堂的廣場上，還在白天，有很多行人，就出現了一場膽大妄為的襲擊事件。

一群鴿子正從廣場上起飛，這時，從伊薩教堂的圓頂上，飛來一隻大隼，牠快速地撲向那些鴿子，有一隻鴿子被牠抓住了，鴿子的羽毛開始在空中飛舞。

行人這時看到其他的鴿子都躲到了一幢大房子的屋簷下，大隼用腳抓住並啄死鴿子，很吃力地飛回教堂的圓頂上去了。

要知道，在我們城市的上空，常常可以看到大隼。這些有翅膀的強盜最喜歡站在教堂圓頂或鐘樓上，藉此能夠清楚地看準牠們的獵物。

院子裡的騷動

在城市的郊區，幾乎每天晚上都會有令人心驚膽寒的事情發生。

人們一聽到院子裡的吵鬧聲，就會迅速地起床，然後把頭探出窗外，看看是怎麼一回事。

在樓下的院子裡，清楚地聽到家禽撲打翅膀的聲音，鵝在叫著，鴨子也在叫著。是不是黃鼠狼來

了，還是狐狸來了？

可是，院子在石牆裡，並鎖上鐵門，狐狸和黃鼠狼怎麼會進去呢？

主人就起身在院子裡巡視了一圈，又檢查了一下子家禽欄，並沒有發現什麼異常。可能是家禽們做噩夢了吧？現在牠們已經老實了。

主人便回去繼續睡覺，可是還沒過一個鐘頭，院子裡的家禽又吵鬧起來。到底是怎麼一回事？主人又打開窗子，再看看出了什麼亂子！

他看到在黑洞洞的天空上，星星正閃著光，四下裡靜悄悄地。忽然，有一條影子在院子上空掠過去，接著，一個一個的，把天空都要遮蓋了起來；並且有一種斷斷續續的聲音，但聽得不是很清楚。

家禽們這時候才醒悟過來，是什麼讓牠們忘記了自由？牠們也有一種衝動，想在天空中展翅飛翔，但牠們只有鼓動著翅膀，稍稍踮起腳，伸長了脖子，並很不快樂地叫著。

在天空上飛的是牠們的野生兄弟姐妹，牠們好像在對家禽們呼喚著什麼呢！那些旅行者一個一個地飛過，這時能聽得見野鴨翅膀撲棱的聲音，大雁和雪雁正在用喉嚨叫著：「這兒冷了，這兒餓了，快飛走吧！走了！」

牠們響亮的聲音消失在遠方，但是那些在院子裡早已忘記飛向天空的家禽，都不知分寸地慌忙地亂叫著。

山鼠

我們在挑選馬鈴薯的時候，在牲畜欄裡，忽然有一隻東西在裡面跳動著。接著跑來了一條狗，牠在附近蹲下，並用鼻子聞著。可裡面的聲音還在動著。

狗開始刨坑，同時開始汪汪汪地叫著，因為裡面的動物正朝牠鑽來。狗挖了一個坑，可是還是看不清裡面的動物，狗又繼續挖坑，把裡面的小動物拖了出來。

那是一隻小獸，牠正用嘴咬狗，狗把小獸從自己身上扔了過去，仍汪汪汪地大叫起來。

小獸有小貓那麼大，牠的毛是灰藍色的，並夾雜著黑色、白色和黃色。

這種小動物在我們這裡叫山鼠。

忘了採蘑菇

9 月的某一天，我和幾個同學到森林裡去採蘑菇。在那裡看到四隻灰色、脖子短短的琴雞，但把牠們嚇跑了。後來，我看到一條已經死了的蛇，那

蛇皮已經乾了，並且掛在樹墩上。在樹墩上有一個小洞，洞裡發出嘶嘶的聲音。我猜想，一定是一個蛇洞，便心驚膽戰地跑開了。

接著，我走進沼澤地的時候，看見了幾隻以前沒有見過的東西。有七隻白鶴在我面前翩翩起舞，這樣的白鶴是在學校裡從來沒有看見過的。

我的同學們已經都採了一籃子的蘑菇了，我卻還在樹林裡轉悠：看鳥兒飛來飛去，聽鳥兒啼鳴。

回家的路上，有一隻白兔從我們面前跑過去，牠的脖子是白色的，後腳也是白色的。

我繞過了那棵有蛇窩的樹墩，看見許多隻大雁，牠們正在咯咯地叫著，飛向我們的村莊。

森林報通訊員　別茲苗內依

喜鵲

春天，村子裡幾個頑皮搗蛋的孩子搗毀了一個鳥窩，我從那裡買來了一隻小喜鵲。一天一夜之後，這隻小喜鵲就接受人類的馴養了。第二天，牠已經可以從我手裡吃東西、喝水了。我給這隻喜鵲取名字叫「魔法師」，牠好像喜歡這個稱呼，我一叫牠，牠就答應。

喜鵲的翅膀長成了以後，總喜歡飛到門上去，

站在門上面東張西望。在門對面的廚房裡有一張桌子，桌子上有一個抽屜，抽屜裡放著許多食物。有時候，我拉開抽屜的時候，喜鵲就會從門上飛下來，鑽到抽屜裡面去。我把牠取出來的時候，牠還叫嚷著不肯呢！

我打水時說了聲：「魔法師，跟我過來！」牠就老老實實地跟著我。

我吃早點的時候，喜鵲一會兒抓糖，一會兒抓麵包，有時候還會把爪子伸到湯裡。

最讓人捧腹大笑的是，我在蘿蔔地裡除草的時候，牠蹲在我身邊看我幹什麼。然後牠也開始拔草，並學著我的樣子，把拔出來的草放到一堆兒。不過，牠有時候會把雜草和胡蘿蔔苗一起拔出來，這一點令人不敢恭維。

駐林地記者 維拉·米謝耶娃

動物們藏了起來

天氣越來越冷了，夏季已經完全消失。血液都快凍僵了，動作變得軟弱無力，總是昏昏欲睡。

有一條長著尾巴的北螈，牠在池塘裡住了一夏，此時爬上了岸，爬到樹上去了。牠找到一個腐爛的樹墩，往樹皮底下鑽，然後在那裡蜷縮成一團

準備過冬。

　　青蛙卻不是這麼做，牠從岸上跳進了池塘，沉到了水底，鑽進深深的淤泥裡。

　　蛇和蜥蜴此時躲到樹根的底下了，有的鑽進暖暖的苔蘚裡。魚兒成群結隊地擠在河川的深水處。

　　蝴蝶、蒼蠅、蚊子、甲蟲鑽進了樹皮和牆縫裂口的縫隙裡，螞蟻堵上了大門，把有 100 個站的出入口也封鎖上了。牠們準備爬到樹的最深處，在那裡聚集一堆，然後一動不動地入睡。

　　牠們將面臨著挨餓的日子，對於鳥類和獸類來說，這些熱血動物卻不怕寒冷。只要能有食物充饑，就能渾身像生了火爐一樣，覺得暖洋洋的。

　　蝴蝶、蒼蠅、蚊子、甲蟲都藏了起來。蝙蝠沒有吃的東西，也只好跟著藏了起來，於是，躲進了樹洞、岩峰裡或者是樓閣屋頂上面；牠們頭朝下倒掛著，用爪子抓著一樣東西，再用翅膀裹住著自己的身體，就像裹著斗篷一樣，也睡著了。

　　青蛙、蜥蜴、蛤蟆、蛇、蝸牛都藏了起來，刺蝟也躲進了樹根下自己的草窩裡，獾很少再走出自己的洞穴了。

來自森林裡的第六份電報

　　寒潮已經降臨了，有些樹木的枝葉已經凋零完畢，雨水也使樹葉從樹上紛紛下落。

　　蝴蝶、蒼蠅和甲蟲，此時都找了地方藏了起來。

　　有一些鳴禽，正匆匆地穿過小樹林，牠們好像很餓，在尋找著食物呢！

　　而鵜（ㄊㄨㄥ）鳥並不會抱怨挨餓，牠們正飛向成熟的花楸樹[4]的果實，那裡可以讓牠們大吃一頓。

　　在落盡樹葉的森林裡，寒風凜冽。樹木好像也入睡了，很少再能聽到鳥兒們的歌唱。

　　　　　　　　　　　　《森林報》特約通訊員

---

4. 花楸樹（*Sorbus pohuashanensis (Hance) Hedl.*），薔薇科花楸屬，喜陰濕，耐寒。花期 5 ~ 6 月份。果實圓形，紅色，成熟期在 10 月。常生長在山坡以及山谷雜木林內。此處說的是歐洲至亞洲西部最常見的北歐花楸（*S. aucuparia L.*）。

候鳥飛往越冬地去了

從天空俯瞰鳥兒遷徙

從天上俯瞰廣闊無垠的的大地秋景，該有多美啊！秋天的時候，乘氣球飛上高空，那裡比屹立不動的高山高得多，甚至比浮動的白雲還高──離地面大概有 30 公里吧！即使在那麼高的地方，也不能將我們國家的領土一眼看盡。不過只要天氣晴朗，沒有浮雲遮蔽，我們的視野還是非常開闊的。

從那麼高的地方俯視下面，會覺得大地像在移動似的；不過，確實是有東西在移動：原來是鳥兒，是數不清的鳥兒，是牠們在森林、草原、山丘和海洋的上空移動給我們造成的錯覺⋯⋯

我們故鄉的鳥兒正離開棲地，飛向過冬的地方。

當然有一些鳥兒還留在原地，像麻雀、鴿子、寒鴉、紅腹灰雀、黃雀、山雀、啄木鳥和別的小鳥。除此之外還有雌鶴鶉、母野雞、大貓頭鷹、蒼鷹。不過，猛禽即便在這兒越冬也無事可做，牠們大多會離開這裡。

候鳥們從夏季結束就開始起身，最先飛的是春天最後到達這裡的，而最後離開的卻是春天最先飛到這裡來的。

整整一個秋天，直到河水解凍時為止，鳥兒們都在遷徙著。那些最後飛的鳥兒是雲雀、椋鳥、野鴨、白嘴鴉、鷗鳥⋯⋯

鳥兒們飛向何方

你是否以為從氣球上望去，會看到由北往南的如潮鳥群？其實不是這樣子的！

不同的鳥在不同的時間飛走，牠們大多數選擇在夜晚飛行，因為夜晚比較安全。而且並不是所有的鳥都會飛向南方越冬，有的會飛向西方，有的會飛向東方，更有甚者，有的鳥兒卻要到北方去越冬！

我們《森林報》的記者通過無線電報、無線電郵，告訴我們那些鳥兒飛向何方，以及有翅膀的旅行者在路上有何感受。

從西往東飛

「切——依！切——依！切——依！」這是紅色的朱雀在叫喚。還在八月份，牠們就開始了自己的旅行，從波羅的海、列寧格勒、諾夫哥羅德出發，牠們走得不慌不忙，因為到處都有食物充饑，就沒有必要那麼急著趕路了。

我曾經看到鳥兒飛過伏爾加河，越過烏拉爾山，現在又看到牠們飛過西伯利亞草原，牠們從一座森林到另一座森林，並向著太陽升起的方向前進。

牠們竭力地在夜間飛行著，在白天時則會休息和找食物充饑。牠們成群結隊地飛行，在飛行當中每一隻鳥兒都十分留神，以免遇到什麼不測。牠們也會遇到不幸的事情發生，如這隻或那隻鳥兒落入了鷹爪。

　　在西伯利亞，鷹非常的多，如蒼鷹、燕隼、灰背隼，經常可以看到牠們在天空中翱翔。牠們是飛行的高手，當小鳥在小樹林上空飛的時候，牠們會把小鳥抓住。所以還是在夜間飛行比較好一些，因為夜間的貓頭鷹不多。

　　還在西伯利亞，朱雀的路線會轉一個方向，牠們會飛越阿爾泰山，越過蒙古沙漠，開始飛向熱帶、亞熱帶的印度。

　　在旅途上，這些小鳥有很多會喪命，其餘會飛到牠們想要去的地方越冬。

Φ-197357 號的北極燕鷗

　　1955 年 7 月 5 日，在北極圈外白海上的坎達拉克沙自然保護區（Kandalaksha, 位於科拉半島的摩曼斯克州 Murmansk Oblast），俄羅斯的一位學者，給一隻北極燕鷗戴上了腳環，腳環號是：Φ-197357。當年 7 月，北極燕鷗

成群結隊地踏上冬季旅程。牠們先向北飛向白海的峽口，然後沿著科拉半島的北海岸飛行，再轉向飛往南方，而後沿著挪威、英國、葡萄牙以及非洲的海岸一路飛，最後牠們進入了印度洋。到 1956 年 5 月 16 日，在離坎達拉克沙兩萬四千多公里的地方，那隻戴著 Φ-197357 腳環的北極燕鷗被一位澳大利亞學者給捕獲了。

現在那隻北極燕鷗腳環的標本，收藏在澳大利亞珀斯市的動物博物館。

從東往西飛

在每年的夏天，都有像烏雲一般的野鴨和像白雲一般的鷗鳥在奧涅加湖[5] 上繁殖。當秋季來臨的時候，牠們便會飛往西方。而針尾鴨和海鷗也開始向越冬地進發了，讓我們乘著飛機跟著牠們看看吧！

牠們會發出尖利的叫聲，接著是翅膀搧動聲、拍水聲，還有嘎嘎叫聲、喊聲。

當牠們剛想在一個林間小湖上停下來休息時，這時候遊隼緊隨而至。遊隼會像長鞭子一樣呼嘯劃過天空，然後飛到一隻針尾鴨的的背上，只那麼輕輕一劃，這隻受傷的

針尾鴨就如斷線的珠子一樣掉落下來，在還沒有落入湖中時，遊隼會忽然轉過身來，在緊貼水面的上方，用爪子一把將牠抓住。就這樣，針尾鴨被帶走了，成了遊隼的食物。

這隻遊隼令鴨群們聞風喪膽，牠和鴨群一起從奧涅加湖上飛行，又和野鴨一起飛過列寧格勒、芬蘭灣、立陶宛。在牠吃飽的時候，牠會停留在峭壁上或者一棵樹上，並若無其事地看著野鴨、鷗鳥飛過。然後，牠又會繼續西行。在牠感覺饑餓的時候，便會跟上野鴨群，從中抓一隻來充饑。

我們準確地看到了這些情況，從波羅的海、北海、德國的海岸線、不列顛群島，這隻遊隼都緊跟著鴨群和鷗群。後來，我們離開了，但遊隼繼續跟著鳥群，牠可能會和鴨群和鷗群繼續飛行，飛往義大利、法國，然後途經地中海，飛往熱帶的非洲。

5. 奧涅加湖（Lake Onega），是歐洲僅次於拉多加湖（Lake Ladoga）的第二大湖。位於俄羅斯西北部，大部分位於卡累利阿共和國境內，南部在列寧格勒州和沃洛格達州境內。屬冰川構造湖。長 250 公里。最寬處 91.6 公里，面積 9,700 平方公里。藉運河與白海、波羅的海相連，有重要航運價值。

絨鴨飛到了北極

在白海的坎達拉克沙自然保護區裡，絨鴨正安祥地哺育著自己的小鴨。在這裡，牠們已經被保護很多年了，很多大學生和科學家給牠們戴上了腳環，那些腳環是帶著號碼的輕金屬圈，以便明白牠們飛往何方。牠們返回自然保護區的數量不大，從中可以探查牠們生活中的其他細節。

大學生和科學家們得知，絨鴨離開了自然保護區以後，會一直向北飛行，飛到生活著格陵蘭海豹和白鯨的北冰洋。

不久之後，白海整個就要結冰了，絨鴨在這兒沒有食物可吃。而在遙遠的北方，由於暖流影響，所以水面不封凍，海豹和巨大的白鯨在那裡常年活動，絨鴨可以從岩礁和海藻上撿出水下的貝類。縱然是天氣寒冷，四周茫茫一片水域，絨鴨們也不害怕，牠們的首要任務是把肚子填飽。而且牠們身上有暖和的羽絨，只要有食物，就不怕寒冷的天氣。

這裡的天空會出現奇異的極光，還有巨大的月亮和明亮的星星，這些怪現象對絨鴨們來說都算不了什麼，牠們在乎的只是食物，還有，舒舒坦坦地度過北極漫長的冬天。

鳥兒搬遷之謎

在我們這兒，有的鳥兒會飛向東方，有的鳥兒會飛向西方，有的鳥兒會飛向南方，有的鳥兒會飛向北方，你知道是什麼緣故嗎？

還有，為什麼有的鳥兒在等到沒有東西吃的時候離開我們，有的鳥兒卻在每年固定的日期離開？而在固定的日期，周圍還有很多食物呢！

牠們是怎麼知道該往哪兒飛，越冬的地方在哪裡，沿著什麼樣的路線飛行？

這些事令人匪夷所思！

在莫斯科或列寧格勒附近，從蛋裡孵出了一隻小鳥，牠長大後會飛到南非洲或印度；還有一種飛得很快的小遊隼，牠會從西伯利亞飛到澳大利亞，在澳大利亞住了一段時間後，又會飛往西伯利亞，來過這兒的春天。

林中地盤的爭戰（接續夏季篇）

　　我們《森林報》的記者在林中找到了一塊舊戰場，這裡，林木種族之間的戰爭已經結束了。此處是我們《森林報》記者最初觀察的雲杉國度。關於那場殘酷的戰爭，我們的記者耳聞目濡，他們看到這樣的情況：大批的雲杉在與白楊、白樺的搏鬥中死去，可牠們還是勝利了。牠們比白楊、白樺年輕，又比白楊、白樺壽命長。雲杉的個頭高過它們，用可怕的毛茸茸的大手掌死死按住敵人的頭，於是這兩種喜愛陽光的闊葉樹就漸漸枯萎了。

　　雲杉在不停地生長著，牠們下面的樹蔭也越來越濃，地窖也越來越深。在地窖裡，生長著地衣、苔蘚、蠹蟲、蛾子什麼的，白楊、白樺戰敗了，就會被牠們蠶食。

　　就這樣，一年又一年過去了。

　　自從那片茂密的老雲杉林被人砍伐殆盡之後，100

年的時間轉眼即逝。搶奪那片空地的林木大戰，也持續了近 100 年。此時此處，又再聳立著一片同樣茂密陰鬱的雲杉林了。

在這片雲杉林裡，聽不見鳥兒歌唱的聲音，也聽不見小野獸的歡叫聲。甚至連各種各樣偶然生出的綠色小植物也會逐漸枯萎，然後很快在陰森的雲杉國度裡消失。

當冬天來臨，樹木就入睡了。牠們睡得很沉，比冬眠的狗熊還懶得動彈。牠們的樹液停止了流動，牠們既不吃，也不生長，只是呼呼地大睡著。

你會看到，這時四下裡很寂靜，再看看地面，地面上是一些死去的樹木的身體。

我們的記者採訪到這樣的消息：今年冬天，這片雲杉林將被砍伐掉。明年這裡將會成為新的採伐跡地。看樣子，明年又要開始重新打仗了。

不過，這一回不一定是雲杉會戰勝。我們見到過新的樹種，被移植到這片採伐跡地上來了。我們將關

心新樹種的成長，讓陽光時刻照射著牠們。

那樣，牠們就會長得很快，我們也會一年四季聽到鳥兒的歌唱了。

和平樹

　　最近，我們學校裡的同學，號召莫斯科州拉緬斯科區的低年級學生，在園林周時期，每人要栽種一棵和平樹。他們將借此學習和成長，他們的和平樹也將在校園裡和他們一起成長！

莫斯科州 朱可夫市 第四中學的學生

農莊裡的事兒

田野裡的莊稼都收割完了，莊員們和城市裡的市民們已經在吃著用新糧食製作的餡餅和麵包。

在田野裡的梯田上，鋪滿了亞麻。這些亞麻經受一整年的風吹、日曬、雨淋，現在該把牠們收起來，搬到打穀場上了搓揉去皮了。

孩子們此時也開學一個月了，田野裡已經不再有他們參加勞動。莊員們快要挖掘馬鈴薯了，新的馬鈴薯將被運到車站，或者在乾燥的沙丘上挖坑儲藏。

菜園裡也空蕩蕩一片，莊員們已經運走了最後的一批捲心菜。

秋播的莊稼開始露出了綠色的嫩芽，這是莊員們在上次收割後，為新收成所做的準備。

灰山鶉不像以前一樣一家或兩家地待在麥田裡，而是成群結隊，每群有一百多隻呢！

現在，打山鶉的季節也快要結束了。

溝壑的征服者

在我們的田野裡，有一些溝壑，它們越來越大，已侵犯到田裡來了。莊員們為此很焦急，這裡的孩子、少年隊員們也跟著大人一起焦急。在一次開隊會時，我們專門討論如何征服溝壑以及不讓這些溝壑繼續擴大。

我們得知，為了征服溝壑，得用樹把牠們包圍起來。樹會扎根土壤，鞏固溝壑的邊緣和斜坡。

這次隊會是在春天時開的，現在已經是秋天了。在我們這兒的苗圃裡有很多樹苗，有白楊樹苗、藤蔓灌木和槐樹樹苗，我們開始栽種這些樹苗了。

再過幾年，喬木和灌木就可以把溝壑的邊坡征服，至於溝壑將會被人類征服。

少先隊大隊委員會主席 科里亞·阿加豐諾夫

採集種子

在 9 月裡，有很多喬木和灌木都結了自己的種子。這時候是採集種子的時期，可以把那些種子種在苗圃裡，以便用來綠化運河和池塘。

採集灌木和喬木的種子，最好在牠們完全成熟之前或

者在牠們剛成熟的時候，要在短時間內採完。尤其尖葉楓、橡樹、西伯利亞落葉松的種子，採集的時間更要及時。

9月，可以採集種子的樹木有蘋果、野梨、西伯利亞蘋果、紅接骨木[6]、皂莢[7]、雪球花[8]、馬栗[9]和歐洲板栗、榛樹、狹葉胡頹子、沙棘（胡頹子、沙棘都是胡頹子科植物），以及丁香、烏荊子[10]、野薔薇以及在克里木地區和高加索地區常見的山茱萸[11]的種子。

我們出的是什麼主意

我們全體人民正在做一件美好的事情：植樹造林。而植樹節是在春季，那一天也成了名副其實的植樹的節日。我們當時在農莊池塘的四周種了樹，以便加固陡岸，我們還綠化了學校的操場。經過一個夏天，這些樹木都已經生根、成長。下面是我們現在想到的事情：

冬天的時候，田野上的所有道路都被埋在雪下，我們都不得不砍下一整片小雲杉林，用雲杉的枝條在道路兩旁圍起來標示，有些地方還得立路標，以免行人在風雪中迷路，陷進雪堆裡。

但我們何必每年都要砍這麼多棵小雲杉呢？倒不如一

勞永逸地在道路兩側栽上小雲杉，待小雲杉長大，既能保護道路，還可以當路標用呢！

　　我們就這麼辦了：在林邊挖掘出小雲杉，把牠們裝入筐內運到路邊開始栽植。我們給這些小樹澆水，牠們很高興地在新的地方開始生根、成長。

駐林地記者　瓦涅・札尼亞京

---

6. 紅接骨木，又稱總狀接骨木、紅果接骨木，學名 *Sambucus racemosa L.*，分佈於歐洲北部、亞洲西北部。為五福花科接骨木屬植物，此屬約二十餘種。夏天開花，花朵有香氣，是很好的蜜源植物。果實為鮮紅色或紫紅色，可食用，多作成果醬或糖漿。台灣有引種栽培。

7. 皂莢（*Gleditsia sinensis Lam.*），豆科皂莢屬，落葉喬木或小喬木，最高可達 30 公尺。此樹能抗風、抗寒、耐酸鹼、適應性強，適合作綠化樹種。皂莢果是醫藥、食品、保健、化妝及洗滌用品的天然原料。此外，皂莢種子可消積化食開胃，並含有瓜爾豆膠；皂莢刺（皂針）內含黃酮䒭、酚類、氨基酸，有很高的經濟價值。

8. 雪球花又名歐洲莢迷（The European snowball），學名為 *Viburnum opulus L.*，花型跟繡球花很類似，屬忍冬科莢迷屬，為落葉大灌木。

9. 馬栗（*Aesculus hippocastanum L.*），也稱歐洲七葉樹，是無患子科七葉樹屬植物，在美洲叫鹿瞳，中國叫天師栗或猴板栗。果實形似板栗，但有毒，誤食可致死亡。其嫩芽和成熟的種子毒性較大。馬栗的果實含有大量的皂角苷，叫做七葉樹素，是破壞紅血球的有毒物質，但有的動物例如鹿和松鼠可以消化這種毒素，食用其果實。有人用它們的果實磨粉毒魚。樹皮具極高的藥用價值，對血液循環不暢，如靜脈曲張、紅腫及發炎皮膚的治療有奇效。曾經馬栗粉也被用於防紫外線的化妝品中，其果肉可以用來製造肥皂。

10. 烏荊子（*Prunus spinosa L.*），中文學名：黑刺李，別名刺李，為薔薇科李屬的植物。分佈於西亞、歐洲、北非以及中國。常生於林中曠地、森林草原地帶、林緣以及河谷旁。

11. 山茱萸（*Cornus officinalis Sieb. et Zucc.*），山茱萸科山茱萸屬落葉灌木或小喬木。山茱萸的核果長橢圓形，外表光滑，果期 9～10 月，熟時深紅色。種子長橢圓形，兩端鈍圓，其成熟果實為中藥材。

H. 帕甫洛娃　報導

專家挑選母雞

　　昨天在「突擊隊員」集體農莊的養禽場裡，我們精選出了最好的母雞，用一塊木板把牠們小心地趕到一個角落，然後捉住，交給專家去鑒別。

　　專家的手裡有一隻長嘴、細長身子的母雞，牠的雞冠顏色淡淡的，兩眼朦朧，好像在問：「你們抓我來幹什麼啊？」

　　專家看了看這隻母雞，說：「這種母雞，不是我們需要的。」接著，專家捉了一隻短嘴、大眼睛的小母雞，小母雞的腦袋寬寬的，雞冠很鮮亮，眼睛則放出明亮的光。小母雞拼命地掙扎，好像在說：「放開我，不要抓我，我還要去找蚯蚓吃！」

　　專家看了看這隻小母雞，說：「不錯，這隻會給我們下蛋。」

　　原來，選母雞時，要選擇有生機、活力的母雞，才能下出好蛋。

鯉魚又搬家了

　　在春天的一個小池塘裡，鯉魚媽媽產了卵，從

卵裡孵出了 70 萬條小魚。這個池塘裡沒有別的魚，就住著鯉魚一家子：70 萬個鯉魚的兄弟姐妹。可是一星期後，牠們覺得池塘太擁擠了，就搬到大池塘裡生活。小魚們在新的池塘裡長大，秋天之前就不再是魚苗而是鯉魚了。

現在，鯉魚又準備搬到越冬的池塘。過了冬天，牠們就是一歲大的鯉魚了。

在星期天

今天，小學生們幫助朝霞集體農莊採收塊根作物。他們從土裡挖掘甜菜、冬油菜、蕪菁、胡蘿蔔和歐芹。小學生們發現蕪菁竟比他們當中腦袋最大的同學瓦季克‧彼得羅夫的還大，都好奇會有這麼大的塊莖。讓他們更驚奇的是飼料用胡蘿蔔的個頭。

蓋納‧拉里昂諾夫把一個胡蘿蔔拔出來，放到自己的腿邊，那個胡蘿蔔竟和他的膝蓋等高，上半部的大小也有巴掌寬。

「古代人一定用這東西打仗，」蓋納‧拉里昂諾夫說：「把蕪菁當手榴彈用，肉搏的時候，就用大胡蘿蔔敲敵人的腦袋！」

瓦季克·彼得羅夫卻反駁說：「古代人根本培育不出這麼大的胡蘿蔔啊！」

把黃蜂淹死在瓶子裡

在紅十月集體農莊裡，因為天氣較涼，蜜蜂都待在蜂箱裡。這時，黃蜂開始大批出動，準備到養蜂場來盜取蜂箱裡的蜂蜜。在黃蜂還沒有飛到蜂箱時，牠們就先聞到了蜂蜜的香味，因為在養蜂場上擺放著許多裝有蜜水的玻璃瓶子，這群黃蜂打消了原來接近蜂箱的念頭。牠們認為從瓶子裡盜取蜂蜜，比從蜂箱裡偷取危險性要少很多。

牠們試了試，但落進了養蜂人設計的圈套，最終被蜜水淹死了。

打獵的事兒

在秋天，黑琴雞大批大批地聚集，有年輕的琴雞，有羽毛豐滿的琴雞，有羽毛上有花點兒的棕紅色琴雞。牠們吵吵嚷嚷地降落到生長漿果的地方。

牠們在四下裡散開，有的用爪子扒草叢，有的揪食長得很牢的紅色越橘，有的在啄食細石子和沙粒。忽然，牠們聽到了匆忙急促的腳步聲。黑琴雞們都抬起頭來，一個個十分警惕。忽然牠們看到有一條北極犬，一下子嚇得都飛上了樹枝，還有的躲進了草叢裡。北極犬在漿果地裡到處奔跑，把牠們一隻不留地都驚得飛了起來。接著，北極犬坐在一棵樹下，用眼睛盯著樹枝上的一隻黑琴雞，並不停地叫著。那隻黑琴雞也睜大著眼睛看著北極犬，牠待膩了，就在樹枝上走來走去，心想：多麼討厭的一隻狗，為什麼老坐著不走？現在我餓了，得去吃漿果啊！

忽然槍聲響起，黑琴雞落到了地上。獵人走近，把那隻黑琴雞從地上拾起，其他的黑琴雞都飛走了。林間空地和小樹林在牠們下面一閃而過，牠們在想，降落到哪兒會

好一些呢？！

在一座白樺林的邊緣，有一些光禿禿的樹梢，有三隻黑琴雞停在了那兒。

過了一會兒，飛來了一些黑琴雞。這些新來的黑琴雞端詳著那三隻一動也不動地停著、彷彿三個樹椿的黑琴雞：公黑琴雞全身黑糊糊的，眉毛是紅的，翅膀上有白顏色的花斑……

在還沒有弄明白是怎麼一回事時，「砰」的傳來了槍聲，有兩隻便從樹上掉了下去。林梢的上空也升起一團青煙，但很快就消散了。那三隻黑琴雞還像剛才那般停著，其他的黑琴雞看著牠們，四下裡張望了一會兒，便寬下心來。

「砰」又傳來一陣槍聲，一隻公黑琴雞像土塊一樣墜落到地上。另一隻黑琴雞剛飛到空中也掉落了下來。黑琴雞們受了驚，一個個飛走了，只有那三隻黑琴雞還是那麼停著。

這時候，在一間小窩棚裡，一個持槍的獵人走了出來，他撿走了獵物。白樺樹上的那三隻黑琴雞仍然若無其事地待在那裡，獵人走過去，把牠們取了下來，原來是三個標

本啊！

　　在遠處，那些擔驚受怕的黑琴雞飛越森林上空，牠們正在懷疑，正在諦視著每一棵樹、每一叢灌木，是否又會冒出新的危險呢？到哪兒去躲避詭計多端、狡猾透頂的獵人呢？牠們很難想到獵人會用什麼辦法來暗殺牠們。

好奇的大雁

　　獵人們很清楚大雁生性好奇，還知道大雁是很有警惕性的鳥類。這不，在沙灘上，就有一群大雁棲息著。無論人是走著、爬著、還是乘船，都無法靠近牠們。牠們把腦袋放到翅膀下面，一支腿立著，在那裡睡覺。

　　看樣子牠們不擔心，因為牠們也有放哨的。在雁群中的一隻老雁，牠會不睡覺也不打盹兒，而是警惕地注視著四方。

　　有一條狗來到了岸上，老雁馬上伸長了脖子，看看狗要做什麼。狗在岸上跑來跑去，一會兒跑到這裡，一會兒跑到那裡，對大雁好像滿不在乎。

　　放哨的老雁很好奇：那條狗前前後後地來回打轉，在幹什麼呢？

這時，放哨的老雁開始搖搖擺擺地向水裡走去，然後就遊了起來。老雁的聲音，驚起了其他的大雁，牠們看見了狗向岸邊遊去。

再仔細看看，從一大塊岩石後面飛出一個個小麵包團，有的飛向這邊，有時飛向那邊，都落在了沙灘上，狗正在搖著尾巴追逐著那些麵包團。

那些麵包團是從哪裡來的呢，扔麵包的又是誰？

幾隻好奇的大雁想弄個明白，就越靠越近，並把脖子伸得長長的，想看清楚到底是怎麼一回事。

忽然，從岩石後面跳出了獵人，他快速準確地射擊，那些好奇的大雁紛紛「撲通」一聲栽進了水裡。

六條腿的馬

成群結隊的大雁降落到田野裡大吃著，步哨們在站崗，牠們不用擔心人或狗的侵擾。

馬兒在不遠處走來走去，大雁們才不怕牠們呢！大雁知道，馬是一種很溫順的動物，是一種吃草的動物，不會來攻擊飛禽的。

這時，有一匹馬一面撿著麥穗吃，一面向牠們走來。

大雁們也沒有在乎：就算牠走到跟前的時候，還來得及起飛。

但這匹馬很奇怪，牠有六條腿……原來四條腿是普通的腿，兩條腿是穿著褲子的腿。

站崗的大雁警惕起來，開始「咯咯咯」地報警了。其他的大雁聽到，都抬起頭來。怪馬也越來越近，站崗的大雁便飛過去偵查。牠從上面看見馬後面躲著一個人，而且手裡還拿著獵槍。這隻大雁馬上對夥伴們說：「快逃啊，快逃啊！」接著成群的大雁鼓動著翅膀，飛離了地面。

獵人很懊惱，馬上開了兩槍，但大雁已經飛遠了，霰彈沒有打中牠們。

大雁得以安全逃身！

應戰

在這段時期，每到晚上，都會發出馴鹿戰鬥的號角聲。

「不要命的馴鹿出來決鬥吧！」

一隻老馴鹿站了出來，牠身長兩公尺，體重約四百公斤，前額的犄角長著十三個新生的枝杈。

誰敢向這一大力士挑戰呢？

老馴鹿邁著穩重的步伐，在濕漉漉的青苔裡留下了深深的腳印，氣勢洶洶地過去應戰，把攔路的小樹都踢斷了。

敵手戰鬥的號角又響了起來。

老馴鹿大聲地吼著，這吼叫聲嚇得琴雞從白樺樹上逃走了，嚇得小兔子逃到了密林裡。

牠的眼睛充滿血絲，徑直向敵手迎面衝了過去。

兩隻馴鹿都想用笨重的身體壓倒敵手，然後用自己的蹄子把敵手踩死。

忽然響起了槍聲，老馴鹿才看見，在一棵樹後面有一個拿槍的人，他的腰間還掛著一個大喇叭。

老馴鹿便撒腿往密林裡跑，不過，牠身上的傷口不斷地流著血，跑起來搖搖晃晃。

獵兔開禁了

獵人們出發了

　　像往常一樣，報紙上公告，10 月 15 日起開放野兔的捕獵。

　　還像 8 月初的那樣，大批的獵人把車站擠滿了。他們還是帶著獵犬，有的兩條、有的三條，可是，這些獵犬不是夏天時帶去的那些了。這當中是一些又大又壯實的獵狗，牠們的腿又長又直，腦袋沉甸甸的，並張著一張大嘴。牠們的毛又粗又硬，顏色各異，有黃色的，有灰色的，有紅色的，有褐色的，有黑色的；有的是黑斑蚊，有的是褐色斑紋，有的是火紅斑紋。

　　這是一些特種的獵狗，牠們的首要任務是按照野獸的蹤跡把牠們從洞穴裡轟出來。然後一面追，一面會大聲吠叫，以便讓獵人知道野獸往什麼地方逃竄，兜著什麼樣的圈子。這樣一來，就方便獵人伏擊野獸了。

　　在城市養這種大型獵犬是件很困難的事，因此許多獵人根本沒有這種狗。我們這一夥人就是這種情況。

　　我們一群人到塞索伊奇那裡，去參加兔子的圍獵。

68

我們有 12 個人，占了車廂的 3 個小房間。旅客們都很驚奇地瞧著我們的一個同伴，並且微笑著低聲交談。也難怪他們如此，因為我們的同伴有一個大胖子，體重 150 公斤，胖得連門都幾乎過不了。不過，他不是獵人，但射擊卻是他的拿手絕活，打起靶來誰都比不上他。他是為了運動，才決定一塊兒和我們來打獵的。

圍獵

晚上，塞索伊奇在一個小車站迎接我們，當天在他家裡過夜，第二天天一亮就出發打獵了。一大群人鬧哄哄的，塞索伊奇又找來了二十個莊員來幫忙喊。

一群人停在林邊，把寫有號碼的紙張放進帽子裡。我們 12 個獵手依次來抓鬮，誰抓著幾號就站幾號位置。幫忙喊的人去到森林的另一邊了，塞索伊奇開始按著號碼把我們安排在寬廣的林間通道上。我抓的是六號，那個胖子抓了七號，塞索伊奇讓我向胖子交代圍獵的規矩：不能沿著狙擊線開槍，不然會射到相鄰的射手；喊聲接近時要中止射擊；不能打麐子，因為麐子是禁獵的對象；要根據信號行動。

大胖子的位置距離我約 60 步遠。圍獵兔子可不像獵熊。獵熊時，射手之間的距離可以大個兩三倍。

　　塞索伊奇在獵徑上對人是不留情面的，我聽到他正在教訓大胖子：「你怎麼能往灌木叢裡鑽呢？這樣開槍非常不方便的。你要與灌木叢並排站著，就站這兒吧。兔子是向下面看的。不客氣地跟你說，你的腿就像兩根大木頭，請把腿叉開點，不然兔子會把您的腿當成樹墩子的。」

　　胖子唯唯諾諾地點頭，塞索伊奇就到森林的另一邊去佈置 喊的人。

　　我開始觀察四周：在我前方不遠的地方，有一片落盡葉子的赤楊、山楊，還有樹葉半落的白樺和枝繁葉茂的雲杉。我想在那裡的森林深處，將會有一隻兔子朝我跑來，如果幸運的話，可能打到松雞。

　　時光在慢慢地流逝著，再看看胖子，他把身體重心在兩條腿上來回轉移，他可能是在按照塞索伊奇的指示在分開兩條腿吧！

　　忽然，傳來了清晰洪亮而悠長的獵人號角，那是 喊人發出的信號，正排列著陣線向我們推進。

　　胖子抬起了胳膊，拿好獵槍，待在那裡不動了。但 喊

的人聲音停止了，只是聽到了槍聲——砰砰！是胖子打的，但沒有打中什麼獵物。我也開始注視著眼前，看看有沒有什麼動物向我跑來。我看到了在樹幹後面有一隻還沒有退盡顏色的雪兔，牠轉了個彎，衝著胖子跳了過去。

砰！我打了一槍，從兔子身上掉下一塊白色的東西，但沒打中，那隻兔子驚慌失措，繼續衝向胖子像樹墩似的兩條腿之間，想要從中穿越。胖子下意識地將腿夾緊，難道他是要用腿夾住那隻雪兔？

雪兔一閃而逝，胖子因為動作太大，重心不穩，龐大的身軀「　」的一聲倒在了地上，雪兔則沿著射擊路線的方向溜進了森林。我笑得合不攏嘴。胖子站起身來，拿著一團毛茸茸的白色東西給我看。

我對他說：「你沒有摔著吧？」

「沒事，但還是讓牠跑了！不過，好歹是將兔子的尾巴尖給夾下來了。」

這時，喊的人向著胖子的方向走去，他們都在議論「你看看他的肚子那麼大，一定把打到的野味都塞進自己的衣服裡了！」

這位可憐的射手呀！這要是在打靶場上，誰會相信他

能出這種洋相呢！

　　塞索伊奇也過來了，他催促我們到新的地點——田野裡去圍獵。我們一大群人又鬧鬧嚷嚷著，沿著林間的小道走著。獵人們毫不留情地奚落著胖子，胖子頭耷在那裡，顯得失魂落魄。

　　突然在森林的上空，出現了一隻大鳥，個頭兒有兩隻黑琴雞那麼大，牠飛過我們的頭頂。獵人們都從肩上卸下了獵槍，森林裡響起了驚天動地的激烈槍聲，但黑鳥還在飛。

　　胖子也開槍了，這時候大家看到大黑鳥在空中收攏了翅膀，像一塊木頭似的從高空中墜落了下來。獵人們不禁讚歎胖子是一個打獵的能手。

　　胖子撿起了那隻大鳥——雄松雞，牠的重量超過兔子。他拿著的獵物是我們今天所有的人都希望得到的獵物，於是，大家對胖子的嘲笑結束了。甚至他剛才用腿抓兔子的情形，大家似乎也忘記了。

來自四面八方的趣聞

注意，注意！

這裡是列寧格勒《森林報》的編輯部！

今天是 9 月 22 日秋分，我們將繼續播送來自全國各地的無線電通報。

我們向凍土地帶和原始森林帶，沙漠和高山地帶，草原和海洋呼叫。

請告訴我們，現在秋天，你們那裡發生著什麼？

喂！喂！

亞馬爾半島凍土地帶的無線電通報

在我們這兒，所有的活動都結束了。在山崖上，曾經熙熙攘攘的鳥群聚集地，如今聽不到牠們的歡唱了。那些會唱歌的鳥兒，如今從我們這兒飛走，大雁、海鷗、野鴨和烏鴉也不見了蹤影。在這裡一片沉寂，偶爾能聽到可怕的骨頭相撞的聲音，這是公馴鹿在決鬥。

還在清晨，嚴寒已經從 8 月份就開始了。現在水面都已結了冰，帆船也早已駛進海灣。輪船還在這裡，那些破

冰船正在費力地為牠們開道。

　　現在，白晝越來越短，夜晚變得漫長，而且在夜裡既黑又冷，空中還有時會飄著雪花。

烏拉爾原始林的無線電通報

　　我們這兒是一片荒涼的景色。鳥兒在夏天的時候曾在岩石上聚集，可是此時再也聽不到鳥兒的叫聲了。鳴禽都飛走了，大雁、野鴨、海鷗、烏鴉等也都飛走了。今天還看見牠們停下來休息、覓食，明天就看不到牠們了，因為牠們會在夜晚不慌不忙地上路，繼續南遷。現在這裡一片靜寂，只偶爾有一陣骨頭相撞的可怕聲音，那是雄鹿在爭鬥時犄角碰撞的聲音。

烏拉爾原始林的回應

　　我們也正在為鳥兒們送行，鳥兒們大部分已經出發，去溫暖的地方過冬。

　　在森林裡，白樺、山楊、花楸樹上的樹葉被風兒吹落。落葉呈現出一片金黃色，柔軟的落葉沒有了夏天時綠油油的光澤。在晚上，會有美麗的公松雞飛上針葉樹枝頭。牠

們黑魆魆（黑莊莊）的，停在金黃色的針葉叢裡，採食針葉來填飽自己的肚子。花尾榛雞[12]在雲杉葉叢間若隱若現，同時出現了雄灰雀[13]、雌灰雀、松雀、白腰朱頂雀[14]、角百靈[15]。這些鳥兒是從北方飛來的，牠們不會繼續往南遷徙，因為牠們在這裡過得很舒服。

在田野上，到處一片空寂，在天氣晴朗的時候，能感覺到秋風吹拂著一根根纖細的蛛絲。到處都盛開著三色堇。在衛矛灌木的樹叢上，掛著一個個像中國紅燈籠的果實。

我們正在田野裡挖掘馬鈴薯，在菜地裡收大白菜。我

12. 花尾榛雞（Hazel grouse），松雞科榛雞屬。雄鳥頭上有短羽冠，中國東北人俗稱為「飛龍」。遍佈於歐亞大陸北方地帶。

13. 此處指紅腹灰雀（Pyrrhula pyrrhula），為雀科灰雀屬鳥類。分佈於歐洲、北亞日本、朝鮮半島以及中國大陸的東北、內蒙古、河北等地，多棲息於山區的白樺林和次生林，以及針闊混交林緣和平原的雜木林中。

14. 白腰朱頂雀（Carduelis flammea）為雀科金翅雀屬的鳥類，又稱普通朱頂雀、朱頂雀，俗名朱點、蘇雀。分佈於北歐至加拿大、俄羅斯、日本、朝鮮半島及中國大陸的東北、寧夏、新疆、華北、華東等地。常見於溪邊叢生柳林、沼澤化的多草疏林和櫟、榆林中，也見於各種雜木林和林緣的農田及果園。體型似麻雀，體長約 13 公分。額和頭頂深紅色，眉紋黃白色；上體各羽多具黑色羽幹紋；下背和腰灰白色，帶點粉紅色，翼上有二條白色橫帶；喉、胸均粉紅色。棲息於低海拔的低山和山腳地帶。冬季群棲，每群中幾隻到百餘隻不等。

15. 角百靈（Eremophila alpestris）為百靈科角百靈屬的鳥類。分佈於中東至西亞一帶。雄鳥上體棕褐色至灰褐色，前額白色，頂部紅褐色，在額部與頂部之間具寬闊的黑色帶紋，帶紋的後兩側，有黑色羽毛突起於頭後如角。雌鳥似雄鳥，但頭側無角狀羽。

們把大白菜送進地窖裡準備過冬，我們還到原始森林裡採集雪松的種子。

小獸們也開始活躍，這裡生長著帶有一根細尾巴、背部有五道鮮明黑色斑紋的小松鼠，牠正在往樹樁下的洞穴裡搬進許多雪松松子，牠還從菜園裡摘來很多葵花子，把自己的倉庫裝得滿滿的。還有紅棕色的松鼠，牠們把菌菇放在樹枝上晾乾，身上換上了淺藍色的毛皮。當然，長尾林鼠、短尾田鼠、水䶄[16]（ㄆㄧㄥˊ）也不例外，都為自己儲藏了大量的過冬糧食。而身上長有花斑的林中星鴉，把堅果藏到洞裡或樹根下，以備隆冬之際食用。

至於熊，牠正尋找洞穴，用爪子在雲杉樹上剝下內皮，作為自己的床墊。

所有的動物都在辛勤地勞動，以準備過冬。

沙漠的無線電通報

我們這兒和春天時一樣，還是一片生氣蓬勃的景象。而難熬的酷暑已經消退，下了幾場雨後，空氣變得明朗，遠方的景物也依稀可見。

草兒還是那麼翠綠，夏天時躲起來的動物此時不用怕

太陽的炙烤跑出來了。甲蟲、蒼蠅、蜘蛛爬滿了樹梢，黃鼠爬出了洞穴，像小巧的袋鼠一樣的跳鼠拖著長長的尾巴在沙漠裡蹦來跳去。在夏天時睡覺的草原紅沙蛇，此時出來捕食跳鼠了。草原狐、貓頭鷹、沙漠貓、健步如飛的羚羊、鼻樑凸起的高鼻羚[17]、體態勻稱黑尾巴的鵝喉羚[18]，也從遠方過來了。各種鳥兒也飛來了。這裡又像春季一樣到處充滿著生機。

我們仍繼續與沙漠作戰，種植了更多的防護林帶，綠化了成百上千公頃的土地。這一大片森林將保護田野，抵擋沙漠熱風的侵襲，避免水土流失，而且還可將沙漠變成綠洲。

---

16. 水䶄（*Arvicola terrestris*）為倉鼠科水䶄屬的動物。多棲息於河湖岸、沼澤、灌叢、耕地。
17. 高鼻羚羊（*Saiga tatarica*），又名塞加羚羊或大鼻羚羊，和藏羚是近親。野生數量稀少。頭大而尾短。雄性頭上有角，角有環紋。因牠們具有獨特而靈活的長鼻，鼻骨高度發育並捲曲，內佈滿毛、腺體和粘液管，每個鼻孔中均有一特殊具粘膜的囊，可濕潤並加溫吸入的空氣，以適應高緯或高海拔的寒冷環境。冬季多在白天活動，夏季主要在晨昏活動。原分佈於俄羅斯南部、蒙古及新疆北部；由於羚羊角是名貴中藥材，長期遭到大量捕殺，中國的野生種群已經滅絕，現僅見於俄羅斯。
18. 鵝喉羚（*Gazella subgutturosa*），屬典型的荒漠、半荒漠區域生存的動物，體形似黃羊，因雄羚在發情期喉部肥大，狀如鵝喉，故得名「鵝喉羚」。分佈於中東至中亞一帶。依靠生長在荒漠上的紅柳、梭梭草、駱駝刺和極少量的水存活下來並繁衍。

世界屋脊帕米爾山脈的無線電通報

在我們帕米爾，由於山嶺高峻，所以素有「世界屋脊」之稱。在這裡，有高達七千公尺以上的山峰，幾乎要接上天際。現在是秋季了，而俄國有很多地方還是像夏季一樣，也有些地方像冬季。在我們這兒，也是一樣：山頂是冬季，在山腳下卻還是夏季。

隨著天氣變冷，冬天開始往山下轉移，從雲端下降，動物們也向下搬遷了。

有一種野山羊，夏天時住在涼爽的高山懸崖峭壁之上，現在牠們率先搬家了。因為山上所有的植物都埋進雪裡，已經沒有食物了。

旱獺現在也不在高山的草甸上活動了，牠們鑽到地洞，並且儲存了很多越冬的糧食，還用草堵住了洞口。

鹿、麂子也沿著山坡往下走，野豬此時正在野杏林、黃連木林、胡桃林中覓食。在山谷裡，出現了夏季看不到的鳥兒，如煙灰色的高山黃鶲（ㄨ）、紅尾鴝（ㄑㄩˊ）、高山鷯鳥、角百靈。牠們大部分來自於北方，在我們這裡有足夠的食物供牠們充饑。

我們山下常會下雨。隨著一場又一場的秋雨，冬天離

我們越來越近了，而山上已經落雪了！

在田間，農夫們採收著棉花；在果園裡，則忙碌地採水果；而山坡上，人們正在採摘胡桃。

每一道山口，都覆蓋著厚厚的積雪，鄉民們寸步難行。

烏克蘭草原的無線電通報

在匀整、平坦，被太陽曬得乾枯的烏克蘭草原上，正有大量的圓球飛動著。這些圓球會飛到你的身邊，砸住你的腳，但一點兒也不感覺疼，因為這球的質地很輕。其實，牠們根本不是什麼球兒，而是一團團枯草，是由一根根向四面八方伸展的枯莖而形成的球形物。牠們會飛過所有的土墩和岩石，降落到小山的後面。在牠們被風吹走向前滾的同時，也會一路撒下自己的種子。

燥熱的風在草原上沒有停止過，我們為了保護土地而種植了大片防護林帶，這些綠林帶終於發揮作用，拯救了我們的莊稼免受旱災。更可喜的是，連通伏爾加河和頓河的列寧通航運河的河水被引進了這裡的灌溉渠。

現在正是狩獵的好時節，野禽多得像烏雲一樣，有土生土長的，也有路經這裡的，牠們密密麻麻地擠滿了湖泊

的蘆葦蕩。在小山溝長滿草的地方，也有很多肥壯的母禽——鵪鶉。

在我們這裡，還有很多碩大的棕紅色灰兔（但沒有白兔）、狐狸和狼，如果你願意就可以端起獵槍，帶上獵狗去打獵。

在城裡的集市上，有很多水果攤，賣西瓜的、賣梨子的、賣李子的、賣蘋果的、賣甜瓜的，什麼都有，真是豐盛。

大海洋的無線電通報

現在，我們在北冰洋的冰原之間航行，會經過亞洲和美洲之間的海峽，然後進入太平洋。現在在白令海峽，然後是鄂霍茨克海，我們一路看到過很多鯨魚。那些鯨真是碩大無比，身軀、體重、力量都讓人驚嘆。

我們看到在一艘捕鯨船上，一頭長鬚鯨被拖上甲板。牠身長 21 公尺，是六頭大象首尾相接那麼長，牠的嘴能吞下連槳手在一起的整個小船。牠的一顆心臟有 148 公斤，體重是 55 噸。要是把這個龐然大物放到天平上，另一端要站上一千個人，或者還不夠。但還有比牠更大的鯨，藍鯨一般長達 33 公尺，重量超過 100 噸。

鯨的力量非常大，曾有一頭被魚鏢刺中的鯨，拖著扎住牠的捕鯨船一連遊了幾天幾夜，更糟糕的是鯨鑽到了水裡，捕鯨船也被拖到了水裡。

　　我們很難想像，如果一頭鯨橫臥在我們面前，那是種什麼樣的景象。牠們大得像座小山，捕鯨殺手也往往會望而卻步。

　　還在不久以前，捕鯨用漁船上拋出的短矛來完成。牠是由站在船頭的水手用手拋向鯨的，後來，開始從輪船上發射裝有魚鏢的大炮來捕鯨。這樣的魚鏢驚擾了鯨，而把鯨置於死地的是電流而不是鐵器，在魚鏢上拴著兩根聯結船上直流發電機的導線。在魚鏢像針一樣扎進鯨時，兩根導線連通，會發生強大的電流。兩分鐘後，鯨就一命嗚呼了。

　　在白令島，我們發現了黃貂魚；在梅德內島，我們發現了大型的海生水獺。這些動物是非常珍貴的野獸，能提供珍貴的毛皮。可幾乎被日本和沙皇時代的貪婪之徒捕盡殺絕，現在受到了政府的保護，牠們的數量也在增加著。

　　在堪察加半島的時候，我們看見了個頭與海象相當的巨大北海獅。但是這些動物比起鯨魚來說，就顯得微不足

道了。

　　現在是秋季，鯨正在遊向熱帶溫暖的水域。牠們將在那裡產下自己的幼崽。明年母鯨會帶著那些幼鯨回到這裡，那些幼鯨的個頭比兩頭奶牛還大，讓人都不敢去碰。

　　我們來自全國各地的無線電通報就此結束，我們下一次廣播將在 12 月 22 日！

提醒

　　飼養小兔子會使您感到不無聊，因為牠們都是很好的鼓手。白天，小兔子會安安靜靜地待在箱子裡，當到了夜晚，牠們會用爪子敲打箱壁，那時候你會醒過來，但不要害怕，兔子也是夜遊的動物哦！

請把窩棚搭起來

　　請在湖邊、海邊和河邊搭起窩棚，在傍晚和黎明鑽進窩棚裡。在裡面靜靜地守候著，你可以看到很多有趣的事情。例如，野鴨從水裡遊上了岸，在岸上抖擻著自己的羽毛。鷸在四周來來往往，潛水鳥在不遠處正扎猛子，蒼鷺從遠方飛來停在了旁邊。你還可以看到夏季很難見到的許多鳥類。

捕捉鳥類前的準備

　　請在樹上掛上各種各樣的捕鳥器，捕鳥器要以簡單靈巧為好，要清理好放置網夾和網的小平臺。

　　現在正是捕捉鳥類的季節。

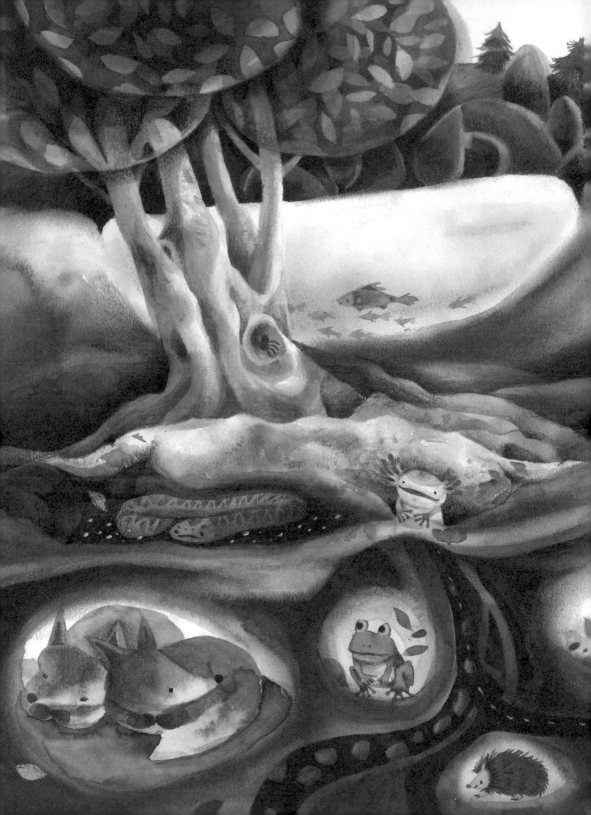

EIGHT
糧食儲存月
秋季第 2 月

準備越冬的十月

10 月是落葉時節，且到處泥濘，天氣變冷了。

在森林裡，秋風掃盡了最後的枯枝敗葉。秋雨過後，一隻烏鴉停留在濕漉漉的樹幹上。烏鴉看上去很寂寞，牠也要踏上旅程。在我們這兒度夏的灰色烏鴉，不知什麼時候已向南方遷徙了，也不知什麼時候飛來了北方的烏鴉。

烏鴉是一種候鳥，在這裡，烏鴉是最先抵達的，卻是最後飛離的候鳥。

而對於秋季，在給森林脫去衣服以後，接下來要做的事是將水冷卻再冷卻。每天早上，水窪越來越頻繁地被脆弱的薄冰覆蓋。河水和空氣一樣，開始少了很多生機。夏天時那些在水面豔麗綻放的花兒，此時已把種子拋入水底，花柄也縮回水下。魚兒鑽進了河底的深坑裡，在不會結冰的地方越冬。北螈現在已經爬出水面，到旱地樹根下的苔蘚裡過冬了。一些靜止的水面已經結冰。

有些怕冷的動物，像昆蟲、老鼠、蜘蛛、蜈蚣等，都不知躲到哪裡去了。蛇遊進了乾燥的洞裡，蜥蜴爬到樹墩上的樹皮底下，癩蛤蟆鑽到軟泥裡冬眠了。而野獸們，有

的為自己挖了洞穴，有的換上了暖和的毛皮大衣，牠們都在準備過冬。

在陰雨連綿的時候，戶外會看到七種天氣：有時細雨濛濛，有時微風習習；或是風雨交加，或是泥濘滿地；再有狂風怒號，以及大雨傾盆；甚至，偶而有旋風發生。

森林裡的大事兒

準備越冬

現在氣溫還不那麼冷，可一旦冰雪降臨，土地和河水都會結冰，到那時哪裡弄吃的，哪裡去藏身？森林裡的每一種動物都有自己越冬的好辦法。長著翅膀的，有的會展翅膀高飛，遷到別處；有的會抓緊時間充實自己的糧倉，以儲備冬日的食物。

在田間，短尾巴的田鼠很賣力地搬運著食物。很多田鼠乾脆在禾垛下或糧食堆裡挖洞，每天都可以從那裡偷竊穀物。

每一個洞穴都有五六條通道，每一條通道均有入口；地下有一個臥室，還有幾個糧倉。

野鼠要在更晚的冬季時冬眠，所以牠們有更多時間儲備食物，有些甚至多達 4、5 斤呢！

其他的齧齒動物也在大量地挖洞，人們會防止牠們偷盜糧食穀物。

越冬的小草

很多植物都準備好了越冬，一些一年生的草本植物已在地裡撒下了種子；但並不是所有一年生的草本植物都是以種子的形式越冬，有的已在當年發芽，長成小苗了。相當多的一年生的雜草，會在翻過土的菜園裡生長出來。

在荒涼的黑土地上，能看見樣子像蕁麻的紫紅色野芝麻，葉緣有鋸齒的薺菜，細小而有香味的洋甘菊、三色堇、遏藍菜，當然還有讓人討厭的繁縷。

這些小植物都做好了越冬的準備，在積雪下面能生活到明年春天來臨。

H. 帕甫洛娃

準備好過冬的其他植物

在雪地裡，一株枝葉扶疏的椴樹，佈滿淺棕紅色的斑

點，這些斑點並不是葉子上的，而是果實的翅狀葉舌。椴樹的很多樹枝都掛滿了這樣的翅狀果實。

像椴樹這樣裝點起來的還有其他的植物，例如高大的山楊，在牠上面也掛滿了很多乾燥的果實，一簇簇細細長長、密密麻麻，宛如一串串豆莢。

但是，最惹人注目的可能算是花楸了。在花楸上面，到現在還有一串串鮮豔的漿果。在小檗上面，也能看見牠的漿果。衛矛的樹枝上也點綴著奇特的果實，它的果實是蒴果，成熟後會裂開，種皮棕黃色，很像帶黃色花蕊的玫瑰花。

現在還有很多樹木，還沒有撒下它們的種子。像白樺樹的枝頭，就掛著乾燥的翅果，尚未脫落；赤楊樹上，黑色的毬果也沒有掉。但是白樺和赤楊都已經為來年春天做好了準備，當春天來臨時，那些果實就會推開鱗狀的小片，隨風彈出它們的種子。

榛樹的花序是粗粗的，灰褐色的，每一根枝條上有兩對。在榛樹上，已經沒有了榛子。牠已經做好了和自己子女告別的準備，同時也準備好冬天的到臨。

H. 帕甫洛娃

90

水䶄的臥室

夏天，短耳朵的水䶄在郊外避暑，在那裡牠築有地下臥室，從臥室再向下斜伸出一條通道，直達水邊。

現在秋天，牠搬到離水較遠的草場上，做了一個溫暖舒適的越冬臥室。臥室有好幾條通道，每一條都很長，有的甚至超過 100 公尺呢！

牠在臥室裡鋪上了柔軟的乾草，倉庫和臥室用特殊的通道相連。在倉庫裡堆放著水䶄從田間地頭偷運來的穀物、豌豆、蔥頭、豆子和馬鈴薯，分門別類，排得好好的。

松鼠的曬穀場

松鼠在樹上做了幾個圓形的窩，從其中撥出一個當倉庫用，裡面存放著從林子裡收集來的堅果和毬果。

松鼠也採集了牛肝菌和白樺蕈[19]，把它們插在松樹細細的斷枝上風乾。冬天，牠在樹枝上玩的時候，還可以用那些乾燥的牛肝菌和白樺蕈當點心呢。

---

19. 白樺蕈，即白樺茸（*Inonotus obliquus*），又名樺樹菇、樺褐孔菌、西伯利亞靈芝、樺孔茸和樹蘑菇，是一種屬於刺革菌目的真菌，主要分佈於溫帶地區。長久以來，在俄國和東歐一直被當成是良好的藥物。

活糧倉

姬蜂為自己的幼蟲找到了很好的糧倉，牠飛得很快，眼睛銳利，腰部很細，在腹部末端有一根又長又細又直、像針一樣的尾刺。

還在夏天，姬蜂找到了一條大而粗的蝴蝶幼蟲，牠把自己的刺扎進蝴蝶幼蟲的皮裡，在蝴蝶幼蟲身上打開了一個小孔，並在這個小孔裡產下了自己的卵。

姬蜂產完卵後就飛走了。蝴蝶的幼蟲不久也恢復了元氣，牠又開始吃樹葉，直到秋季來臨之時，做了個繭子把自己包起來，化作了蛹。就在這時，蜂卵在蛹的體內孵化成了幼蟲，幼蟲就以蟲蛹為食，直到吃完蝶蛹，化成蜂蛹為止。

當夏季再一次來臨的時候，蝶蛹的繭子打開了，但飛出來的不是蝴蝶，而是身子細長、挺拔、黑紅黃三色的姬蜂。

姬蜂是人類的朋友，牠可以殺死有害的昆蟲幼蟲。

本身就是一座糧倉

很多野獸不會自己修築專門的糧倉，因為牠們本身就是一座糧倉。在秋天裡，牠們會不停地進食，吃得肥肥胖胖，實在不能再肥了，營養就儲存了下來。

脂肪是牠們儲存的食物，脂肪沉積於皮下，當動物沒有食物時會滲透到血液裡，如同被腸壁吸收一樣，血液會把那些營養送到全身。

這樣做的動物有蝙蝠、熊、獾和其他在整個冬季沉睡的大小獸類。牠們把肚子吃得飽飽的，就要開始睡覺了。

而牠們的脂肪還能夠保暖，不會讓寒氣侵襲。

林間快訊

偷貓頭鷹食物的伶鼬

在森林裡，如果說誰是偷盜的高手，那麼長耳鴞[20]算是第一名；牠不僅愛偷，還很狡猾。長耳鴞的樣子長得像雕鴞，但個頭兒要比雕鴞小。牠眼睛突出，嘴是鉤形的，頭上的羽毛向上豎著，像極了尖尖的耳朵。牠可以在夜晚看得很清楚，聽得也很清楚。只要老鼠在乾燥的草叢裡有一點動靜，牠就會「嚓」地飛過去，頓時，老鼠就黏在了牠的腳掌裡。

長耳鴞把獵獲的每一隻老鼠都搬回自己的樹洞裡，牠自己不吃時也不給別的長耳鴞吃，牠想把牠們藏起來以應付難熬的冬日。

白天，長耳鴞守候著獵物，夜晚就出去捕獵了。牠有時候會飛過來看一看東西是否還在，只要東西少了，牠就會在

---

20. 長耳鴞（*Asio otus*），又名長耳木兔。棲息在闊葉樹或針葉木的高枝上，棲息地點往往非常固定，甚至固定到某一樹枝，以至於在牠們固定居所的垂直下方常遍佈排泄物，成為搜尋牠們的線索。分佈於整個歐亞大陸的北部、非洲北部、北美洲的加拿大和美國北部。在台灣為較稀少的過境鳥。

窩裡提防著。待夜晚肚子餓了，又出去捕食。但當牠再回來的時候，窩裡一隻老鼠也沒有了。牠轉身朝四周掃視，發覺樹底下有一隻和家鼠相像的小動物在動著。牠飛下來想用爪子抓牠，可是那小動物快速地從小洞裡鑽了下去，嘴裡還叼著一隻小老鼠呢！

長耳鴞發現大事不妙，便追了過去，牠想看清楚誰是小偷。但是牠害怕了，因為牠看到小偷是一隻兇猛的小獸—伶鼬[21]，只好放棄了。

伶鼬儘管是個頭很小的野獸，但極其勇猛，以偷盜為生，有時候會讓長耳鴞望而卻步。牠會用牙齒扎進對方的胸脯，一般情況下是不會鬆口的。

夏季又來臨了嗎

在秋天，有時候寒氣逼人、冷風刺骨；有時候雲開霧散，陽光和煦。這會讓人覺得夏天又回來了。

此時，在草叢下面野花露出了腦袋，其中有黃色的蒲公英、報春花。蝴蝶在空中飛舞，蚊子也在空中盤旋著。此時，不知從什麼地方跳出一隻鶲鶲，小巧靈活，在枝頭雀躍著，

唱起嘹亮激揚的歌。

　　有一隻棕柳鶯，從很高的雲杉樹上發出如怨如訴的纏綿歌聲，一會兒輕巧，一會兒憂傷地，彷彿落入湖中的水滴：滴答，滴答，滴答！

　　這時候，會讓人有一種錯覺，忘記冬日已近，彷彿夏天還在！

青蛙不幸被凍死了

　　池塘結冰了，住在那兒的動物被冰封在池塘裡。後來有一天，天氣變暖和了，冰突然融化。農莊的人決定清理一下池底，於是從底下挖出了一堆堆淤泥，堆放在池邊，然後頭也不回地離開了。

---

21. 伶鼬（*Mustela nivalis*），又稱銀鼠、白鼠、倭伶鼬、雪鼬。為鼬科動物。分佈於歐洲、亞洲和北美洲北部。棲息地與白鼬類似，但更喜歡乾燥的地域。常見於針闊葉混交林、亞高山或乾旱地針葉林、林緣灌叢，或草原地帶。通常單獨活動。是貪婪的捕食者，以野鼠等小型齧齒動物為食，也吃小鳥、蛙類及昆蟲等，獵食區通常較固定。牠們常侵佔小型齧齒動物的巢為窩，也利用倒木、岩洞、草叢和土穴等作為隱蔽場所。行動迅速、敏捷。視覺、聽覺和嗅覺也都很靈敏。是世界上最小的食肉動物之一，體長 130～280 公厘，體重 40～70 公克；在北極高緯度地區發現的體形更小，重量僅約 30 到 70 公克。在極區的冬季，溫度常常降至攝氏零下 4、50 度，但伶鼬仍然很活躍。

太陽暖烘烘地，曬得淤泥冒出了熱氣。忽然，淤泥動了起來，並有一團淤泥跳離了泥堆，在那裡滾動。這是怎麼一回事呢？只看到在小泥團裡伸出了尾巴，然後就撲通一聲跳回池塘；然後，第二個、第三個泥團接續往下跳！

又有另一些泥團也伸出了小腿，但跳離了池塘邊，往別處去了。這真是一件稀奇的事！

其實這些並不是單存的泥團，而是身上裹著淤泥的鯽魚和青蛙。牠們本來打算到池塘底部去過冬，但是莊員們把牠們和淤泥一起從池底挖了出來。當太陽把泥堆曬熱，牠們也甦醒了。牠門醒來的第一件事就是重新回到池塘，以便找一個更為安靜的地方，不讓別人把牠們從睡夢中吵醒。

於是，受了驚嚇的幾十隻青蛙彷彿像約定了似的，一個個跳向同一個方向。牠們要去的地方是在打穀場和路的另一邊，那裡有一個更大的池塘。

當牠們來到路邊，幾分鐘前還是陽光普照的天氣，現在卻已烏雲密佈，並且刮起凜冽的寒風。幾十隻青蛙剛跳上路面，就被凍得瑟瑟發抖，勉強地跳著，最後竟都不動了，全身僵直，靜靜地躺在地面。牠們腿無法動彈，血液也慢慢凝固，最後全凍死了。

青蛙再也跳不動了，無論牠們現在有多少隻，統統被凍死了。牠們的頭都朝著同一個方向，那裡是馬路另一邊的池塘，在裡面充滿了溫暖、救命的淤泥。

胸脯紅色的小鳥

夏季的某一天，我在森林裡漫步，忽然聽到草叢裡有動靜，被嚇了一跳，趕快在四周圍看了看，原來是一隻小鳥在草叢裡被拌住了，出不來。牠全身灰色，只有胸脯是紅色的，看著很討喜。我走過去解開牠，然後帶著牠回家。

我很喜歡牠，一路輕快地往回走。

到了家裡，餵了牠一點麵包屑，沒多久牠便恢復精神了。我給牠做了個籠子，捉來小蟲子餵牠，牠也吃了。整個秋天，牠都住在我家裡。

有一次我出去玩，出門前忘了把籠子關好，結果牠被家裡的小貓吃掉了。

我非常喜歡這隻小鳥，為此還流了眼淚，多麼討厭的貓阿！我當時為什麼那麼馬虎大意呢？

駐林地記者 格·奧斯塔寧

我抓了隻松鼠

　　松鼠整年都為著一件事操心：那就是夏天要找到足夠的食物儲藏起來，冬天才不至於挨餓。我就此觀察了一隻松鼠如何從雲杉樹上摘取毬果，然後如何拖進樹洞的。我在那棵樹上做了記號，一段時間後將那棵樹砍倒，從樹洞裡面掏出了松鼠，發現樹洞裡已有很多毬果。我把松鼠帶回家，養在籠子裡。這時，有一個頑皮的小孩把手指伸進了那個籠子，松鼠一見，二話不說，即刻把他的手指咬破了，真夠狠的。

　　我為松鼠蒐集了很多毬果，牠愛吃極了，但最喜歡吃的還是核桃、榛子。

駐林地記者　H. 斯米爾諾夫

我的小鴨

　　一天，媽媽把三隻鴨蛋放到了母吐綬雞（火雞）的窩裡。三個星期後，孵出了一群小火雞和三隻小鴨。在牠們還沒有長得足夠大之前，我們都把牠們養在一個暖和的地方，不敢讓牠們出門。過了一段時間，我們才讓母火雞帶著小雞小鴨出門，這是第一次。

　　我們家附近有一條小河，小鴨看到小河馬上跳了進去。牠們的「媽媽」母火雞則很著急，跟著跑過去，慌亂地大叫：「你們三個不要命了，快點上岸！」但是三個小傢伙卻悠哉悠哉地在河面上游著，母火雞看了一會兒，便放心地和自己的小雞走了。

　　小鴨遊了一會，覺得冷，便爬上岸，嘎嘎嘎地叫著媽媽，且冷得微微發抖。我覺得牠們可憐，把牠們捧在手裡，蓋上頭巾，然後帶回屋裡取暖。牠們從此跟在我身邊。

　　每天清早，我會放牠們到戶外，一到水邊，牠們立刻噗通噗通下了水。等覺得冷了，就上岸回家。

　　我家門口有高高的台階，小鴨跳不上去；因為翅膀還小，也飛不上臺階，只得在底下嘎嘎叫喚。這時家裡人會把它們放上臺階，三個小傢伙進屋後就搖搖擺擺朝我的床跑過來，

站在床邊伸長脖子叫我，我那時正在睡回籠覺呢！這時，媽媽會把牠們捉到床上，牠們一上床就鑽進我的被窩裡睡著了。

等快到秋天的時候，牠們長大了一些，我卻要去城裡上學了。小鴨因為想念我，時常叫個不停，我聽到媽媽說的，不禁傷心地流下了眼淚。

駐林地記者　維拉・米謝耶娃

捉摸不透的星鴉

在我們這兒有一種烏鴉，體型小於灰色的烏鴉，全身有花斑點，我們稱牠為星鴉，在西伯利亞則稱牠為松鴉。牠們在秋天時會採集毬果，藏在樹洞裡或樹根下的窩裡，用作冬天的食物。

一到冬天，牠們就到處遊蕩，從一個地方到另一個地方，從一片森林到另一片森林，餓了就在所到之處食用那些秋天時儲藏的食物。

那麼，牠們食用的是自己儲藏的食物嗎？很明顯，不是的。星鴉吃的都不是自己儲藏的食物，而是同族儲藏的冬糧。牠們來到陌生的樹林，就會開始尋找同族儲藏的食物。

牠們窺探每一個樹洞，以便找到毬果。無論多麼陌生的地方，牠們總能找到吃的。

星鴉到樹洞裡找食物不難讓人理解。但是當白雪覆蓋大地時，牠們怎麼找到同族儲藏的毬果呢？星鴉自有辦法。牠們會找到一個定點，扒開灌木叢或樹洞前的積雪，準確無誤地掏出其他星鴉的冬糧。但是，牠們是怎麼尋找的，難道有記號嗎？這就讓人無法理解了。

要弄清星鴉在白雪覆蓋下尋找食物的秘訣，得想出一些特別的實驗來嘗試。

害怕的雪兔

森林裡，樹葉落盡，森林顯得稀疏，但也相對明朗許多。

在林中，有一隻小雪兔趴在灌木叢下，身子貼伏地面，眼睛滴溜溜地亂轉。周圍有很多聲音，牠心裡很害怕。是鵟鷹在搧動翅膀，還是狐狸悄悄潛行的聲音？牠正在換毛，身上還有好多斑點，但越來越白了。

要是來一場雪就好了，那樣比較不會被敵人發現。只是現在，四周都很明亮，林子裡滿地黃色、紅色、褐色的落葉，牠在這裡是多麼顯眼啊？而萬一獵人來了怎麼辦

雪兔害怕得縮緊了身子，牠在想如何跳起來、如何逃跑！？可是怎麼跳？怎麼逃呢？只要雙腳一動，腳下的枯葉就會發出沙沙作響的聲音，不說別的，光這聲音就會把自己給嚇死。

小雪兔趴在灌木叢下，緊挨著一個白樺樹頭，並貼近地面的苔蘚作為掩護，氣都不敢出一口，一動也不動，只是驚恐地東張西望，尋找可能的危險。

牠真的很害怕！

老巫婆的掃帚

當樹木落盡了葉子時，可以看到上面有很多夏季看不到的東西。從遠處看，在白樺的上面，好像是數不清的烏鴉窩；但走近一看，才發現，牠們根本不是鳥窩，而是由伸向四面八方細細的樹枝所構成的黑圓團，在這裡被叫做－老妖婆的掃帚。先看看民間流傳的說法吧：

老妖婆們乘著飛臼在空中飛行，然後用掃帚一路上把自己的痕跡掃掉。女巫則騎著掃帚從煙囪裡飛出來。無論是老妖婆還是女巫，似乎都離不開掃帚這個法寶。於是她們用妖術把藥塗在幾種不同的樹木上，所以樹枝上會長出像掃帚似

的難看的樹枝團。講故事的人就是這麼編的。

可是，關於那些「老巫婆的掃帚」，科學家們是怎麼解釋的呢？

其實，科學家說：這樹是得了叢枝病。這種病是由一種特別的扁蝨，或是一種特別的菌類引起的 [22]。這扁蝨又小又輕，一陣風就能把它刮得滿森林裡飛。扁蝨要是落在樹枝上，就會鑽進葉芽寄生。樹的生長芽其實是一根帶有葉胚的芽，將來會發育成嫩枝。扁蝨並不去傷害它們，但卻吸食它的汁液。不過，由於芽被它們咬傷，受其分泌物的感染，芽就患病了。等到病芽開始發育時，嫩枝就會以神奇的速度瘋狂生長，生長速度是普通枝條的六倍。

當病芽發育成一根小枝時，小枝又立刻長出側枝。扁蝨

---

22. 木本植物獨有的一種疾病，主要由寄生在植物韌皮部篩管內的類菌原體（即支原體、黴漿菌）和真菌所引起。前者引起的叢枝病會由個別枝條逐漸擴及全株；後者引起的只限於局部，表現在受感染的個別枝條上。枝條受害後，因頂芽生長受到抑制而刺激側芽提前萌發長成小枝，但生長緩慢，新生側芽的頂芽不久又受抑制，再刺激其側芽萌發成小枝。如此反復進行，使枝條呈叢生狀。枝叢隨歲月增加而增大。大的枝叢可達一公尺以上。各種枝叢遠看有如大小鳥巢，故又名鳥巢病。枝叢內主枝不明顯，小枝細而節間短。機械組織不發達，脆弱易斷。葉小而偏黃綠色，葉子的柵狀組織與海綿組織分化不明顯。病枝初時可開花、結果，但往往畸形；漸漸的則開花而不結果，最後不開花。枝叢多能存活好幾年。對病樹注射四環素類藥物可有一定的治療效果，但不能根治。

的下一代爬到側枝上，讓側枝又長出側枝。就這樣不斷地分枝，於是原來只長一個芽的地方，現在生出了一大把奇怪的「女巫的掃帚」。

或者，只要有一個寄生菌的孢子落在芽上，樹也會患上叢枝病。

這是樹的一種常見而獨有的疾病。樺樹、赤楊、山毛櫸、千金榆、槭樹、松樹、雲杉、冷杉和其他喬木、灌木上，都可能長出「女巫的掃帚」。

活紀念碑

現在，植樹造林正越來越被重視。在這愉快而歡樂的活動中，孩子們的表現並不比大人差。他們很積極，一個個小心翼翼地挖出小樹苗，以免傷到樹根，然後將休眠的小樹移種到新的地方。當春季來臨時，這些小樹就開始發芽、生長，給人們帶來前所未有的歡樂和益處。每一個栽種和培育了小樹苗的孩子，哪怕只有一棵，也都是為自己樹立了一座美妙的綠色紀念碑，一座永遠活著的紀念碑。

孩子們想出了非常好的主意，在花園、菜園和校園裡栽上活的籬笆。這些籬笆是密密麻麻的灌木叢和小樹，不僅可

以防風固沙，而且還可以引來很多鳥兒，鳥兒在這裡能夠找到藏身之處。

夏天一到，金翅雀、赤胸朱頂雀、知更鳥、黃鶯等鳴禽，很高興地在籬笆上編織自己的小窩，同時哺育幼鳥；牠們還可以防止毛毛蟲侵害菜園和花園，又能使我們聽到美妙的歌聲。

有幾位少年自然界研究小組的成員，夏天時去了克里米亞，從那裡帶回一種名叫「列瓦」、有趣的灌木種子。到春天的時候，就可以播下這些種子，等待它們長成漂亮的活籬笆。不過，我們得在上面掛一張告示牌：請勿觸碰！因為這些籬笆有的會像刺蝟一樣扎人，有的會像貓一樣用爪子抓人，有的會像蕁麻一樣灼人。

我們可以拭目以待，哪些鳥兒會在這些高度戒備的灌木叢上安營扎寨呢？！

候鳥飛往越冬地去了（續完）

　　為什麼候鳥飛行的方向各不相同呢？有的向南飛；有的向北飛；有的向西飛；有的向東飛。

　　為什麼有的鳥要一直等到萬里冰封、大雪紛飛，實在找不到東西吃的時候，才會離開？而有的鳥，比如雨燕，卻每年都在固定的日期離開呢？那個固定的日期通常是很準時的，雖然它們離開的時候，往往周圍還有許多可以吃的食物。

　　重要的是，它們究竟是怎麼知道秋天該往哪兒飛，去哪兒過冬，又該沿著什麼路線飛行呢？

　　問題的關鍵是：牠們是怎麼選擇飛行方向、越冬地點以及飛行路線的？

　　這件事真是令人捉摸不透，比如，在莫斯科或是列寧格勒附近一帶生長起來的鳥。卻要飛到非洲南部或是印度過冬。我們這兒還有一種飛行速度很快的小遊隼，它居然從西伯利亞一直飛到遠在天涯海角的澳大利亞去過冬。可在澳大利亞住不了多久，它就又飛回西伯利亞來過春天了。

並非如此簡單

看起來這似乎很簡單，既然長著翅膀，想什麼時候飛，飛往什麼地方，那就隨心所欲吧！

現在這兒又冷又餓，飛遠一點去越冬吧！那裡的氣候適合，而且還有足夠的糧食。實際上，當然不是這麼簡單！不知什麼原因，我們這裡的朱雀會一路飛到印度過冬；而西伯利亞的遊隼卻沿途經過印度河，一路上會經過好幾個適合過冬的炎熱國家，一直飛到澳大利亞去，真是匪夷所思。

這就是說，促使候鳥飛過高山，橫越海洋，去到遙遠國度的原因，並不只是因為饑餓和寒冷這麼簡單的理由，那可能是鳥類一種與生俱來、非常複雜、難以擺脫，也無法去控制的某種生理感覺。

要知道，在我們國家的大部分地區，在遠古時代，不止一次遭遇過冰川的侵襲。死亡的冰海以洶湧澎湃之勢，徐徐地淹沒了我國所有廣袤的平原。牠們歷經數百年後又捲土重來，幾乎毀滅了所到之處的一切生物。

鳥兒因有翅膀，所以能避開劫難。首先飛離的那些鳥類，佔據了最靠近冰河岸邊的土地；下一批飛得離岸邊更遠一些；再下一批則飛得更遠更遠。就好像玩跳背遊戲似的。

當冰川之海開始退縮時，那些被它逼離生息之地的鳥兒便急忙返程。最先飛回的是當初首批離開的鳥兒，最後才是飛得最遠的那些。

跳背遊戲的順序又倒了過來，但過程十分緩慢，要經歷數千年。

在如此漫長的時間裡，鳥兒會慢慢形成習性。當秋天寒流來臨之時，牠們就會飛離生息的地方；當春暖花開之際，牠們又會一起返回。這樣一種習性，經過了幾千年的反復磨礪，幾乎是「刻骨銘心」，於是就被長期保留了下來。

所以，一到秋天，候鳥就會由北往南飛。另外，凡是地球上未曾出現過冰河的地方，也就沒有候鳥遷徙的現象出現——這個事實剛好可以反證上述的推想。

其他原因

事實上，鳥兒在秋季並非只飛往南方的溫暖之鄉，而是會飛往其他各個方向，甚至有的會飛往最寒冷的北方。

有些鳥兒飛離我們這兒，僅僅是因為當大地為深厚的積雪所覆蓋，水面被堅冰所封的時候，牠們正在為失去食物而著急。一旦積雪開始消融，大地初露，白嘴鴉、椋鳥、雲雀

等等，就會馬上飛回來；只要江河湖泊有一點點融化，鷗鳥、野鴨將應時而至。

而絨鴨無論如何不會留在坎達拉克沙自然保護區，牠們會飛往北方，因為那裡有墨西哥暖流經過，整個冬季海水不會結凍。

如果在隆冬乘車從莫斯科向南出發，很快會到達烏克蘭，在那裏，可以看到我們的老相識：白嘴鴉、雲雀和椋鳥。這些鳥兒與定居在我們這兒的黃雀、山雀、紅腹灰雀相比，只是稍微挪了挪地方。

在原居地過冬的鳥兒都被稱為留鳥，但有許多留鳥並不是一直居住在同一個地方，牠們也會移棲。除非是城中的麻雀、寒鴉和鴿子，或者是森林和田野裡的野雞，其餘的鳥類都會遷徙，只是距離長短的差別。那麼，要如何確定哪一種鳥是候鳥，哪一種鳥只不過是移棲鳥呢？

比如，我們就很難將朱雀定義為行跡不定的移棲鳥；比如，黃雀，牠的同類灰雀飛到印度去過冬，牠卻飛到非洲去過冬。因此牠們成為候鳥的原因似乎與眾不同。牠們並非由於冰河的侵襲和消退而變成了候鳥，而是有其他原因。

朱雀的公鳥像一隻麻雀，但腦袋和胸脯卻是鮮豔的紅

色。還有黃鸝，全身金紅，長著一對黑翅。你不由得會驚詫：這些色彩鮮麗的鳥兒，是來自異域他鄉的嗎？難道是從遙遠炎熱的國度來的？

似乎有這麼一種可能。黃鸝是典型的非洲鳥類，朱雀是印度很出名的鳥類，這些鳥類或許曾經有過遷徙的經歷。也許情形可以這樣解釋：在他們的故鄉，由於同族的鳥兒越來越多，年輕的一代，因為生計所迫開始尋找新的地方。於是，牠們開始向北遷徙。在北方，不至於那麼擁擠，夏天時也不冷，即便是新生的小鳥也不會受凍。而等到寒冷的天氣到來，牠們便返回故鄉，在自己的土地上和鄰居、同族們和睦融洽地生活。當到了春天，牠們又會往北方飛遷。就這樣來來往往，往往來來，歷經了數百世紀。

就這樣，遷徙的路線成形了：黃鸝從非洲向北飛，越過地中海進入歐洲；朱雀也從印度向北飛行，越過阿爾泰山和西伯利亞，然後再向西，越過烏拉爾繼續西行。

關於鳥類遷徙習慣的形成，還有另外一種觀點：因為某些鳥類對於新棲息地的需求。比方說朱雀，最近幾十年來，我們眼看著這種鳥越來越往西移動，都快擴展到波羅的海邊上了。然而，冬天它們還是照舊返回故鄉印度去。

這些關於鳥類遷徙的假說，說明了一些問題。不過，關於候鳥遷徙的問題，仍有很多未解之謎需要人們去研究。

一隻小杜鵑的簡史

在列寧格勒近郊澤列諾戈爾斯克市[23]的一座花園裡，有一隻小杜鵑誕生了，誕生在一對紅胸鴝的窩裡。

誰也不知道牠是如何來到老雲杉樹上的這個窩的，紅胸鴝爸爸和紅胸鴝媽媽也不知道。在餵養這個個頭比牠們大三倍的小杜鵑時，紅胸鴝爸爸和紅胸鴝媽媽不知是多麼的辛苦。

有一天，花園裡的主人走到樹邊，費了好大的功夫才把羽毛已經豐滿的小杜鵑掏出來，仔細地端詳了好一會兒再放回去，紅胸鴝爸爸和紅胸鴝媽媽嚇出了一身冷汗。此時，牠們發現小杜鵑的左翅上，多出了一小塊白色羽毛的斑記。

最後，小杜鵑在紅胸鴝爸爸和紅胸鴝媽媽的撫養下長大了。在牠離巢學飛，在巢外見到紅胸鴝爸爸和紅胸鴝媽媽

---

23. 澤列諾戈爾斯克（Zelenogorsk），是聖彼得堡庫羅爾特尼區下轄的一個城市，位於市中心西北，面臨芬蘭灣。這地方原屬芬蘭，曾是芬蘭民主共和國的首都，在《莫斯科和平協定》中割讓給蘇聯。

時，小杜鵑仍然會嘶啞地嘰嘰討食。

　　10 月初，花園裡大部分樹木的樹葉都掉光了，只有一棵橡樹和兩棵老楓樹還枝葉鮮嫩。這時候，小杜鵑不見了，就猶如一個月前成年的杜鵑從我們的森林裡消失一樣。

　　這隻小杜鵑和此地其他杜鵑一樣，是要在南非過冬的，要一直等到隔年夏天，牠們才會返回故鄉。

　　就在今年夏天，也就是不久前的一天，花園的主人發現雲杉樹枝上有一隻雌杜鵑，他擔心那隻雌杜鵑會破壞紅胸鴝的窩，就用氣槍把牠打死了。在牠的左翅上，明顯地露出一塊白色斑記，這應該就是去年的那隻小杜鵑啊！

　　這隻小杜鵑的到來，為我們破解了好幾個未解之謎。雖然，還有許多問題得不到答案。

我們正在揭開謎底，但秘密還是秘密

　　也許我們關於候鳥遷徙原因的推斷是正確的，但下面這些問題又該如何解答呢？

1. 鳥類是如何辨別數千公里的遷徙路程呢？

　　過去人們以為，每一個遷徙的鳥群裡，至少有一隻識路的老鳥帶領大家。但現在有人千真萬確地證實：在當年夏天

剛從我們這兒孵出的幼鳥，遷徙時沒有老鳥帶路。再說有些鳥，是年輕的比年老的先飛走；有些鳥，是年老的比年輕的先飛走。不過，不管誰先誰後，年輕的鳥兒都能如期飛抵越冬地。

這真的很離奇。即便是老鳥，牠的腦子也就是那麼一丁點兒大，怎能記住那麼長的路程？就算老鳥是識路的好了，可是那些兩三個月前才出生的幼鳥，外面的世界壓根兒沒見過，更不用說牠們的越冬地了，牠們是靠什麼認路的呢？真叫人百思不得其解！

比如，上文提到的澤列戈爾斯克的那隻小杜鵑，牠是如何找到杜鵑在南部非洲的越冬地的？所有老杜鵑幾乎都在一個月前飛走了，沒有老鳥給牠帶路啊！杜鵑是一種獨來獨往的鳥，從來都不集體行動，甚至在遷徙的時候也不例外。小杜鵑是紅胸鴝養大的，而紅胸鴝是飛往高加索過冬的鳥。那這隻小杜鵑是如何飛到杜鵑世世代代的固定越冬地——南部非洲去的？牠又是如何重返紅胸鴝將牠孵出來、養大的那個鳥巢的？

2. 年輕的鳥兒是怎麼知道自己族群的越冬地在哪兒呢？

對於鳥類帶來的謎團，我們《森林報》的讀者應該好好

地研究一下；雖說它不好解答，但將這問題留給後代來傷腦
筋總也不好。

　　為了精確解決這個問題，研究者應該放棄像「本能」這
樣的觀念，然後設計出許多巧面的實驗來驗證，以徹底弄清
楚鳥類的智慧和人類的智慧究竟有什麼區別！？

給風力定級

- 7 級風是疾風，秒速為 13 / 15 公尺 / 秒，時速為 47 ～ 54 公里 / 小時，該級風的威力是：樹梢向下彎，吹走浪尖的白沫，使電線嗡嗡作響。

- 8 級風是大風，秒速為 16 / 18 公尺 / 秒，時速為 57 ～ 64 公里 / 小時，該級風的威力是：吹倒樹幹、柱子和成片圍欄，吹折樹的枝丫和枝葉。

- 9 級風是烈風，秒速為 19 / 21 公尺 / 秒，時速為 68 ～ 75 公里 / 小時，該級風的威力是：吹落煙囪磚塊，刮走屋頂瓦片，沉沒漁船。

- 10 級風是狂風，秒速為 22 / 25 公尺 / 秒，時速為 79 ～ 90 公里 / 小時，該級風的威力是：屋頂被掀，樹被連根拔起。

- 11 級風是暴風，秒速為 26 / 29 公尺 / 秒，時速為 94 ～ 104 公里 / 小時，該級風的威力是：造成巨大破壞。

- 12 級風是颶風，秒速為 30 公尺及更大 / 秒，時速與鷹速相當，該級風的威力是：極大破壞。所幸，暴風和颶風在我國非常少見，隔很多年才會有一次。

農莊裡的事兒

　　此時，拖拉機不再嗒嗒地響著，在各個農莊亞麻的分類已經完成，運送亞麻的最後一批大車隊正開往火車站。

　　現在，莊員們最在乎的是來年的莊稼種植問題了。人們在考慮是否採用育種機構培育出來的新的黑麥和小麥品種。

　　這時候，田裡的作業已不多，更多的是在家裡的工作。莊員們正在照顧著自己家的牲畜。他們把牛羊趕進畜欄，馬匹趕進馬廄。

　　田野裡此時變得空蕩蕩，一群群灰色的山鶉正在找吃的東西；牠們向農舍靠近，偶爾在穀倉旁過夜，甚至，有時會飛進了村子裡。

　　獵打山鶉的規定時間已經結束了，有獵槍的莊員們開始準備打兔子了。

H. 帕甫洛娃 報導

昨天

由於白晝變得越來越短，所以莊員們決定每晚給禽舍照明，以便讓裡頭的雞可以較長時間地走動或啄食。於是，勝利集體農莊禽舍的電燈亮了。

電燈一亮，大大小小的雞都很興奮，馬上開始了灰浴。其中最好的一隻公雞，一邊歪著腦袋，一邊用眼睛望著燈泡，「咯咯咯地」叫著，好像在說，「你如果再掛得低一點，我就會用嘴啄你了。」

既好吃又有營養的飼物配料

飼料的最好配料是乾草粉，乾草粉是用高級的乾草磨製成的。

如果要讓吃奶的小豬快快長大，那就給牠嘗嘗乾草粉吧；如果想讓母雞每天下蛋的話，也得餵牠乾草粉，這樣牠就會高興地「咯咯嗻、咯咯嗻」地叫著。

給蘋果樹換裝

園藝隊此時在準備給蘋果樹換裝，他們要幫蘋果樹清理乾淨並換上新裝。在這個時候，蘋果樹的身上除了

有灰綠色的胸針——地衣之外，什麼也沒有穿戴。

園藝隊開始從蘋果樹上脫下這些地衣，這些地衣裡有時會隱藏著害蟲。隊員們把樹幹和下層的枝丫用石灰水刷白，這樣可以避免昆蟲附上樹幹；而且，這麼做樹幹也不會被陽光灼傷，更不會被嚴寒凍傷。

蘋果樹穿上了雪白的衣服，漂亮極了。隊長高興地說：「我們是有意在節日來臨之前給這些蘋果樹打扮的，我們要帶著這些漂亮的蘋果樹去旅行呢！」

採蜜環菌的老太太

在曙光集體農莊裡，有一位名叫艾庫里娜的百歲老太太。當《森林報》的記者去看望她時，卻撲了個空，原來她去採蘑菇了，記者在她家等著，只見她回來時背了滿滿的一筐蜜環菌。關於蜜環菌，她告訴我們：「那些單獨生長的小蘑菇本來就很難發現，我人老眼花，就更看不見了。我可以採到這麼多，是因為這些蜜環菌只要看見一個，在那周圍就會有一大片。我最喜歡採這種蘑菇了。另外，它們總喜歡往樹墩子上爬，這樣就更顯眼了。這種蘑菇最適合我這樣的老人採！」

晚秋播種

在勞動者集體農莊，蔬菜隊正在地裡播種萵苣、洋蔥、胡蘿蔔和香芹菜。

那些種子被撒到了寒冷的土地裡，顯然是很在意的。因為隊長的孫女兒說，種子對這件事十分不滿意。她說，她聽見種子大聲地抱怨：

「不管你們播不播種，天氣這麼冷，我們就不發芽！你們愛發芽，就自己去發芽吧！」

不過，蔬菜工作隊隊員們之所以這麼晚才播種這些種子，是因為它們在秋天不會發芽。但到了春天，牠們就會提早發芽，也會提早成熟。早一點收穫到萵苣、洋蔥、胡蘿蔔和香芹菜，可是一件好事。

農莊裡的植樹周

全國各地都開始了植樹周。苗圃裡預備好了大批的樹苗。在集體農莊裡，數千公頃的新果園和漿果園被開闢出來了。莊員們將把成千上萬株蘋果、梨和別的果樹，栽在院旁的土地上。

塔斯社 列寧格勒 訊

在動物園裡

鳥類和獸類從夏天的露天場所，搬到了越冬的地方來了。牠們的籠子裡燒得暖烘烘的，沒有一隻野獸打算冬眠。

在園子裡的鳥兒沒有飛到籠子外面去，但牠們卻體會到了在一天之內從寒冷的北方遷到炎熱的南國之差別。

沒有螺旋槳的飛行物

這些天來，在城市的上空飛翔著一些奇怪的飛機。

行人站在街心，抬起頭，驚訝地注視著這些空中飛行的小隊伍，他們彼此詢問說：

「看見了嗎？」

「看見了，看見了。」

「奇怪，怎麼聽不見螺旋槳的聲音？」

「也許是因為飛得太高了，你看，它多麼小啊！」

「就是往下降了也聽不見螺旋槳的聲音。」

「為什麼？」

「因為它們根本沒有螺旋槳。」

「怎麼會沒有螺旋槳，這算是什麼，新型設計嗎？」

「雕！」

「您開玩笑吧，列寧格勒哪來的雕？」

「有這種的，牠們是金雕，現在飛過這裡，正往南方搬家呢！」

「原來是這樣！我也看清楚了，是鳥類在盤旋。要不是您說，我還以為是飛機呢！太像飛機了，牠們哪怕把翅膀搧一下也好啊　」

快去看野鴨

在涅瓦河上的施密特中尉橋邊，還有在彼得羅巴甫洛夫斯克要塞附近和其他地方，這幾個星期以來，出現了各種形狀和顏色的野鴨。

這裡有像烏鴉一樣黑的黑海番鴨[24]，有鼻樑凸起、翅膀上有白色花紋的斑臉海番鴨[25]，有尾巴像小棒似的雜色長尾鴨[26]，有黑白相間的鵲鴨[27]。

都市的吵鬧聲，牠們一點兒也不害怕。

即使黑色的蒸汽拖輪迎風破浪，向著牠們筆直衝來，牠們也不害怕，只往水裡一鑽，然後又在遠離原來幾十公尺的地方鑽出水面。

　　這些潛水的野鴨，是海上飛行線上的旅客。牠們會一年來列寧格勒做客兩次，也就是春天一次，秋天一次。

　　當拉多加湖的冰塊流到涅瓦河的時候，牠們就飛走了。

---

24. 黑海番鴨（*Melanitta nigra*），為鴨科海番鴨屬的水禽，俗名美洲黑鳧，身形矮胖。善游泳、潛水，卻不善行走，走路顯得笨拙。除繁殖期外，多見於海洋中，主要以貝類為食。分佈於北半球較冷地區，多棲息於海洋、海港以及河口。

25. 斑臉海番鴨（*Melanitta fusca*），為鴨科海番鴨屬水禽，俗名海番鴨、奇嘴鴨。分佈於北半球。多棲息於海灘、內陸淡水河、湖間，以及沼澤地區。善游水和潛水，不善行走，除繁殖期外多見於海洋中，主要以貝類為食。在苔原築巢，或在有低矮樹木或灌叢的草地上築巢，巢距湖泊、水塘與河流等水域不遠。

26. 長尾鴨（*Clangula hyemalis*），為鴨科長尾鴨屬水禽，俗名冰鳧，分佈範圍遍及全北界。以水生動植物為主食。常成群活動，善於飛行，飛行時頸腳伸直。在台灣是一種非常罕見的冬候鳥，2013 年於宜蘭曾有鳥友紀錄到一隻雌鳥。大多築巢於地面，亦有築巢於樹洞中。主要生活於寒冷開闊和沿海淺水區。

27. 鵲鴨（*Bucephala clangula*），為鴨科鵲鴨屬水禽，俗名金眼鴨、喜鵲鴨、白臉鴨。廣泛分佈於北半球，在台灣屬於冬候鳥。善潛水，活動於湖泊、水庫、池塘中，有時也混入其他鴨群活動於淺水處。性機警而膽怯。游泳時尾羽翹起。白天常成群游泳於水流緩慢的江河與沿海海面，邊游邊潛水覓食。繁殖期主要棲息於平原森林地帶中的溪流、水塘和水渠中，尤喜湖泊與流速緩慢的江河附近的林中溪流與水塘；非繁殖季節主要棲息於流速緩慢的江河、湖泊、水庫、河口、海灣和沿海水域。

鰻魚的最後一次旅程

秋天來到了大地，也來到了水底。

水正在變涼。

老鰻魚離開這裡，去作最後的一次旅行。

牠們從涅瓦河動身，經過芬蘭灣、波羅的海和北海，進入深深的大西洋。牠們在河裡生活了一輩子，沒有一條會再回到河裡來。牠們全體會在大洋的深處找到自己的墳墓。

不過，牠們要在死之前把卵產下。在海洋深處，並不像我們想像的那樣寒冷，那裡的水溫大概有攝氏 7 度。不久，魚子在那裡會變成小鰻魚。小鰻魚像玻璃一樣透明，將有幾十億條開始長途旅行，三年後，牠們會遊進涅瓦河口。

牠們將在涅瓦河成長，終會長成大鰻魚。

打獵的事兒

帶著兩條獵狗去打獵

在一個清新的秋天早晨，獵人扛著獵槍走在田野上。他用短短的皮帶，牽著兩條追逐犬，那兩條追逐犬是胸脯寬闊、有棕紅色斑點的黑色公狗。

獵人來到了一座林子的邊緣，放開獵狗，讓獵狗進入那座林子。兩條獵狗沿著灌木叢鑽了進去。獵人則在林邊悄悄地走著，然後在一個樹椿後面停止不動了，那裡有一條獸徑從林子裡延伸出來，一直伸向山下的山谷。

獵人還沒有來得及站穩，兩條獵狗已經發現了野獸的蹤跡。其中的一條老公狗多貝瓦依大叫了起來，牠一聲一聲地叫著。另一條年輕的札里瓦依也跟著叫了起來。

根據叫聲，獵人能判斷得出，牠們驚醒並趕起了兔子。牠們現在正沿著黑色的土路低頭嗅著。兔子在繞著圈子走。

獵人看見了，是一隻灰兔，牠的棕紅色的皮毛在小獸徑裡一閃一閃。但獵人一眨眼，就不見了灰兔。

接著傳來兩條獵狗追趕的聲音，跑在前面的是多貝瓦依，跑在後面的是札里瓦依。牠們追著兔子，從小獸徑拐進

了林子。多貝瓦依是很有耐性的獵狗，牠不會讓獵物逃走的。

獵人心想：反正兔子要栽在這條牠經常出沒的路上，我不能放過牠。

但是，領頭的狗不叫了，只有札里瓦依在叫。

獵人弄不明白是怎麼一回事，又傳來了多貝瓦依的叫聲，但聲音嘶啞，更加激烈。札里瓦依憋住了氣，接著牠叫了起來，重複地發出尖銳的聲音。

顯然牠們是碰到另一種野獸了，但是什麼呢！反正不是兔子。

獵人於是更換了彈藥，裝進了最大號的霰彈。

此時，獵人看到了兔子已經跑到了田野上，但沒有開槍。只聽見兩條狗在發出兇狠、激烈的尖叫，獵人跑過去，看到火紅的背脊和白色的胸脯朝自己衝過來，獵人馬上舉起了獵槍。

那隻野獸發現了，竄到了另一邊。

砰！

那隻野獸中彈了，並在地上張開了四肢，原來是一隻狐狸。

獵人走過去，兩條獵狗正用牙齒咬住狐狸的皮毛，眼看就要把狐狸撕得粉碎，獵人呵斥了一聲：「放下！」並從兩條獵狗嘴裡奪下了寶貴的獵物。

地下的搏鬥

在農莊附近的森林裡，有一個獾洞很出名，它已經有一百年的歷史了。「獾洞」是人們口頭的稱謂，其實它不只是個洞，因為它是由許多代的獾努力刨挖出來的一做小山丘，山丘底下縱橫交錯著各種通道，儼然是獾的地下城市交通網。

塞索伊奇帶領我去看了那個洞，我仔細觀察了一下，發現了 63 個洞口，在灌木叢裡、小丘下還有一些隱藏著的洞口。

不難想像，在這寬廣複雜的地下藏身處，居住的不會只有獾。我就在一些洞口看到糞金龜、蜚蠊、埋葬蟲在堆積於此的母雞、黑琴雞、花尾榛雞的骨頭上和兔子的脊樑骨上奔跑、啃食著。獾不會做這種事，牠有潔癖，食物殘渣或骨頭等髒東西不會丟在洞裡或洞口附近，這應該是別的野獸幹的。

從那些骨頭的食痕看來，住在這裡的應是狐狸家族。

我看到有些洞被挖開了長長一條，簡直成了壕溝。塞索伊奇說：「這些是我們獵人做的，不過獵人往往會白費力氣，在他們挖洞的時候，狐狸和獾已經從地下溜走，他們是挖不到牠們的。」

塞索伊奇說：「明天讓我們試試別的法子：用煙把牠們燻出來。」

於是第二天早上，塞索伊奇、我和一個小夥子來到山岡前。一路上，塞索伊奇總拿小夥子開玩笑，一會兒叫他燒爐工，一會兒又叫人家火伕。

我們三個忙了老半天，才把所有看得見的洞口都堵住，只留了山岡下面的一個洞口和上面兩個洞口沒塞住。我們把一大堆松樹、雲杉枯枝搬到下面那個洞口旁，由小夥子負責點火，我和塞索伊奇兩人則爬上小丘頂，躲在灌木叢後面，守住山丘上面的那兩個出口。

我和塞索伊奇就定位後，小夥子開始點火。不久，濃煙升了起來。當煙從上面的出口冒出來時，我和塞索伊奇在埋伏的地方焦急地等待著。說不定狐狸會從洞中跳出來，或者獾也竄出來，但是牠們是挺有耐心的。我看到樹叢後面塞索

伊奇和我身邊都冒起了煙，我想馬上會有一頭野獸一面打著噴嚏一面搖著頭竄出來，而且有可能是幾頭野獸，一頭接著一頭。

煙越來越濃，一團團地從洞中滾出，並在樹林間擴散開來。我被燻得淚水直流，真擔心在抹眼淚的時候野獸溜出去。我舉起槍的手臂已經疲乏，只得把槍放了下來。

那個小夥子還在那裡往火堆裡扔枯枝樹葉，但是並沒有野獸竄出來，我們只好心不甘情不願地打道回府。

「你覺得牠們被燻死了嗎？」塞索伊奇在回家的路上問道，「沒有！老弟啊，牠們沒死！煙在洞裡是向上飄的，而牠們肯定是鑽到更深的地底下去了。誰知道牠們的洞有多深啊！」

這次失手，使塞索伊奇情緒十分低落。為了安慰他，我說起了達克斯狗[28]和硬毛的狐獳[29]，牠們會鑽進洞去抓狐狸和獾。塞索伊奇興奮起來，說：「你也去弄一條這樣的狗來，

---

28. dachshund, 因體型修長，俗稱「臘腸狗」，也稱豬獾犬或獾狗，專門用來追蹤、捕殺獾類及其他穴居動物。

29. 獵狐獳是傳統的英國獳犬，精力充沛，性格活潑、有活力，但也好鬥成性。剛毛獵狐獳為 19 世紀因應獵狐而培育出的犬種。

無論你用什麼辦法。」我只好點頭。

後來不久我去了列寧格勒，在那裡遇到了一位熟悉的獵人，答應把自己的達克斯狗借給我。當我把這條狗帶給塞索伊奇看時，塞索伊奇很生氣地說：「怎麼了？你是來取笑我的嗎？就這隻像小老鼠似的東西，也想打獵。別說老狐狸了，就是小狐狸，也能幾口把牠撕碎了再吐出來的。」

塞索伊奇個子不高，一直對自己的身高耿耿於懷，相對的也見不得其他小個子，甚至包括眼前的小狗在內。

的確，達克斯狗長得很奇怪，個子小小的，身體細瘦，像脫了臼的四條腿彎曲著。可是當塞索伊奇順手向牠的頭摸去時，這隻其貌不揚的小狗居然張著銳利的牙齒，尖聲地咆哮著，並用力向他撲去。塞索伊奇嚇了一跳，趕忙躲開，悻悻地說：「好兇狠的傢伙！」然後就默不吱聲了。

我們走近小山丘，達克斯狗掙扎著向洞口衝去。我把牠從皮帶上解下，只見牠一溜煙即鑽進黑糊糊的洞穴。

人們培育出的這種狗非常奇特，整個身軀狹窄得像貂一樣，沒有比牠再適合在洞穴中爬行了。彎曲的爪子能很好地刨挖泥土，牢牢地穩住身體；狹而長的三角形腦袋便於抓住獵物，能一口咬住對手讓牠們斃命。

我們在洞上有點擔心，要是小狗兒進了洞回不來該怎麼辦？那時候我有何顏面去見牠的主人？

　　這時，我們聽見了狗吠聲，那聲音因狂怒而顯得嘶啞。聲音一會兒近，一會兒遠。

　　我和塞索伊奇緊握著獵槍，手都握得有點疼了。狗叫聲一會兒從這個洞裡傳來，一會兒從那個洞傳來；忽然，聲音中斷了，我們知道牠一定在洞裡和野獸打在一起了。

　　這時候我想起，獵人如果用這種方式打獵，一般要在出發時帶上鏟子，只要牠們在地下打鬥，就得趕快在牠們上方挖土，以便在達克斯狗處境不好時，能助牠一臂之力。當戰鬥在靠近地表的地下某一個地方進行時，這個方法就可以用上了。不過，在這個煙都無法燻出野獸的洞裡，很難會對獵犬有所幫助。

　　我害怕起來，達克斯在那裡對付的不是一頭野獸，在撕打中要是喪命……忽然，我聽到了低沉的狗叫聲。但我還沒來得及得意，那狗叫聲又不叫了。我們不敢離開，塞索伊奇說：「老弟，看來狗遇到了一頭老狐狸，或者是老獾了。」他遲疑了一下，又說：「要不再等一會？」

　　我剛要開口，地下卻傳出了沙沙的聲音，隨即洞口露出

了尖尖的黑尾巴，接著是彎曲的後腿和達克斯狗艱難地移動著的整個細長的身軀。達克斯狗身上滿是泥汙和血跡，我高興地跑過去，抓住牠的身體，把牠向外拉。在達克斯狗的後面是一頭肥壯的老獾，那頭老獾已經不能動彈了。達克斯狗正咬住牠的後頸，拼命地搖晃著。達克斯狗好長時間都不願意放棄自己的死敵，好像擔心牠會死而復生。

《森林報》特約記者

收回被偷盜的糧食

要收回齧齒動物從田裡偷盜的糧食，應該尋找並挖掘牠們的洞穴。

在本期的《森林報》上，報導了這些有害的小獸，牠們從人類的田間偷了大量的糧食，用作牠們的冬糧。

不打攪越冬的動物

蝙蝠、熊和獾為自己做好了越冬的住所，牠們將在這裡睡到春天。請不要打擾牠們，讓牠們安安靜靜地休息。

NINE
冬客造訪月
秋季第 3 月

通往冬季的十一月

11 月在大地上釘滿了寒冬的釘子；12 月則鋪上了寒冬大橋。11 月像是騎著斑駁的老馬出巡：地上是一片泥濘、一片雪；一片雪、一片泥濘。11 月這個鐵工場雖然不太大，但它鑄造的枷鎖卻夠整個俄羅斯用的：它能鎖住池塘與湖沼。

現在，秋天要完成它的第三件事情，那就是脫去森林最後那一層衣服，給水面穿上鐵甲，再用白雪鋪滿大地。

此時的森林顯得很淒清，樹木黑沉沉、光禿禿的，被雨水淋得從頭濕到腳。河面上結了一層薄冰，在微光下閃閃發光，如果踩它一腳，會發出清脆的碎響，稍不留神將掉進冰冷的河水裡。大地覆上一層白色的雪被，一切的作物都停止了生長。

不過，這個時候並不是冬天，只是冬天的前奏。陰天過後，還會出現太陽；當陽光普照，萬物真是欣喜歡騰。瞧，從樹根底下鑽出一批黑色的蚊蟲，飛到了空中；再看，我們的腳下開出了蒲公英、款冬等春天的花兒。積雪融化了，樹木已經沉睡，牠們卻要毫無知覺地睡到春天的到來。

現在，也是伐木的季節了。

森林裡的大事兒

奇異的現象

今天我挖開了積雪，去察看那些一年生的草本植物，這些草本植物只能度過一個春天、一個夏天和一個秋天。現在已經是 11 月了，我發現牠們並沒有全部枯死，很多都還翠綠著，生機勃勃。這都是些長在農舍邊的鄉間野草，牠的蔓生小莖彼此交織，在地上蔓延，剛好給人們蹭鞋底。它的葉子長長的，粉紅色的小花並不惹人注意。

蕁麻也還活著。在夏天，人們不喜歡蕁麻：當你在田地裡除草的時候，會被蕁麻扎得雙手都是水皰。可在 11 月裡，人們見了它會覺得很愉快。

藍堇也是一副欣欣向榮的樣子，它們是一種美麗的小草，有著一道道細細碎痕的葉子和長長的粉紅色小花，花瓣的尾端是深顏色的，經常可以在菜園裡見到它。

這些一年生的草都還活著。不過，我知道，當春天來臨的時候牠們就不存在了。那它們為何要在雪下生活呢？這種現象怎麼解釋，我不知道，還需要去打聽清楚。

H. 帕甫洛娃

森林裡不會死氣沉沉

寒風在森林裡肆虐吹號，落盡樹葉的白樺、山楊、赤楊在風中發出喀嚓喀嚓的聲音，最後一批候鳥此時正匆匆地飛離故土。

我們這兒夏季的鳥兒還沒有完全飛走，冬季的來客就已經光顧了。

每一種鳥都有自己的喜好和習慣：有的會飛往高加索、外高加索、義大利、印度或埃及越冬；有的卻選擇留在列寧格勒州，真怪。或許牠們覺得留在原地也很暖和，食物也夠吧。

會飛的花朵

此時，赤楊黑魆魆的枝條顯得很淒涼，光禿禿的枝條上面沒有一片樹葉，地上的野草一片枯黃。懶洋洋的太陽也很少從灰色的雲層後面露出頭來。

但是，生在沼澤地上的赤楊枝條也有美麗的時候。你看，忽然間就有許多五彩繽紛的花兒，在日光的照耀下翩翩起舞。這些花兒不但大得出奇，更是色彩繽紛：白的、紅的、綠的，還有金黃的。有的落在赤楊枝條上；有的粘在白

樺樹的樹皮上；有的掉在地上；有的飄在空中。落在樹上時就像一些炫目的彩斑；飄在空中時就像揮動著豔麗翅膀的小精靈。

牠們發出蘆笛般的聲音，彼此呼應，一唱一和。從地面飛向樹梢，從一棵樹飛向另一棵樹，又從這一片小樹林飛向那一片小樹林。牠們是什麼呢？又是從哪兒來的呢？

北方飛來的鳥兒

原來，這是從還冷的北方飛來的鳥兒：牠們有煙藍色的鳳頭太平鳥──鳳頭太平鳥的翅膀上長著五根像手指一樣的紅色羽毛，有綠色母鳥、紅色的雄交嘴鳥，有深紅色的蜂虎鳥，有紅胸紅頭的白腰朱頂雀，有黃羽毛的紅額金翅雀，有胸脯鮮紅豐滿、身體肥胖的紅腹灰雀，有金綠色的黃雀。原本生活在這兒的紅額金翅雀、紅腹灰雀、黃雀，此時已經飛往溫暖的南方。這些新來的鳥兒卻原是在北方生活的，那裡現在變得極為嚴寒，於是朝我們這兒移居，這邊對牠們來說是溫暖多了。

鳳頭太平鳥、紅腹灰雀，是吃花楸和其他樹木的漿果；黃雀和白腰朱頂雀則吃赤楊和白樺的種子；紅喙的交嘴鳥專

挑松樹和雲杉的毬果吃。所以，來我們這裡的客人都能吃得
飽飽的，並不會挨餓。

東方飛來的鳥兒

在低矮的柳叢上，突然出現了一些小精靈，遠遠地看，
就像一朵朵白色的玫瑰花。這些白玫瑰在樹叢間飛來飛去，
在樹枝間跳上跳下，用牠那黑鉤似的爪子東抓西抓。像花瓣
似的白色翅膀在空中快速地搧動著，空中也蕩漾著輕盈悅耳
的啼囀。

牠們就是白山雀。

這些鳥不是從北方飛來的，而是從東方，牠們經過烏拉
爾山區、暴風雪肆虐的西伯利亞，輾轉到我們這裡來。那裡
已經是冬天，深厚的積雪蓋滿了低矮的柳叢。

該睡覺了

大片的烏雲把太陽遮蓋了起來，空中落下濕漉漉的灰色
雪花。

一隻肥胖的獾氣呼呼地哼著，一跛一拐地向自己的洞口
走去。牠很不高興，因為森林裡又濕又泥濘，讓牠渾身不自

在。該鑽到乾淨、整潔的沙洞裡去了，可以在那裡躺下來睡個懶覺。

羽毛蓬鬆的烏鴉——北噪鴉[30]，此時在森林裡打起架起來了。牠們濕漉漉的羽毛，閃爍著像咖啡渣的顏色，正在呱呱地叫著。

一隻老烏鴉在樹頂高處大叫了一聲，因為牠看到遠處有野獸的屍體。隨著叫聲，鼓動著黑色的翅膀，牠飛了過去。

森林裡顯得靜悄悄地，雪花落到黑色的樹枝、褐色的地面上。地表的落葉漸漸腐爛。

列寧格勒州的河流，像沃爾霍夫河、斯維里河、涅瓦河，都凍封了。最後，連芬蘭灣也結冰了。

---

30. 北噪鴉（*Perisoreus infaustus*），鴉科噪鴉屬，分佈於古北界北部及非洲北部地區。棲息地包括溫帶森林和寒帶森林，一般活動於山坡稀疏鬆林間，或有大樹冠的森林邊緣。絕大部分定居，有少部分會遷徙。食性很雜，主食是各種植物，包括漿果和蘑菇，也吃昆蟲、小型無脊椎動物、小型齧齒類動物，甚至小型魚類；也會掠奪其他鳥類巢中的卵。平常活動時極安靜。

最後的飛行

在 11 月的最後幾天裡，大地一片白茫茫，四處散佈著因風吹捲而積成的雪堆。這時，天氣忽然變得暖和了；但是，雪並沒有融化。

清晨，我到外面去散步，看見在雪地上、灌木叢、樹木之間，到處飛舞著黑色的小蟲子。牠們有氣無力地搧動著翅膀，像是來升自地下的什麼地方，兀自盤旋而上。此時一點風都沒有，牠們在空中繞了幾個圓圈後，便側著身子落在雪地上。

午後，雪開始融化，樹上的雪也掉落下來。這時如果抬頭仰望，水珠就可能會掉到眼睛裡，或者飄落的雪團將灑到你的臉上。這時，不知從哪裡跑來很多黑色的小蠅，似乎興高采烈地飛舞著，奇怪的是飛得很低，緊貼在雪地上方。

到傍晚的時候，天氣變涼了，那些小蠅和小蟲子都不知藏到什麼地方去了。

《森林報》記者　維麗卡

黑貂追逐松鼠

有很多松鼠遊牧到我們的森林裡來了。因為牠們生活的北方，毬果歉收，松子不夠吃，只得搬家。

牠們散居在松樹上，用後爪抱住樹枝，用前爪捧著毬果啃。

有一隻松鼠沒抱住毬果，讓毬果滑落，陷到雪堆裡了。松鼠捨不得，就氣衝衝地叫著，從一根樹枝跳到了另一根樹枝，快速地跳到雪地上。

它在地上蹦跳著：前腳撐地，後腿一蹬，一直往前奔去。突然，牠發現前方枯枝堆裡露出了一團黑糊糊的毛皮和一雙銳利的小眼睛⋯⋯

　　松鼠再也顧不得那顆毬果了。

　　牠慌不擇路，急忙竄到旁邊的一棵樹，沿著樹幹就往上爬。

　　原來枯枝堆裡埋伏著一隻黑貂，發現松鼠後，已閃電似的追了出來。

　　黑貂也飛快地竄上樹幹，此時松鼠已經爬到了樹梢。

　　松鼠一跳，就到了另一棵樹上。

　　黑貂縮起牠那蛇一般的細長身子，背脊一彎，像彈射一樣，也上了那棵樹。

　　松鼠沿著樹幹向上飛跳，黑貂緊跟在後。松鼠的動作很靈敏，但貂的動作更快速。

　　松鼠逃到這棵樹的枝頭，往上已經沒得逃了，附近也沒有其他樹，這下可走投無路了。

　　黑貂馬上就要追上它了⋯⋯

　　松鼠只好再往下，跳到另一根樹枝上。但是，黑貂依然緊追不捨。

松鼠在樹梢上來回地跳，而黑貂就在粗一些的樹枝上追。松鼠跳啊跳的，到了最後一根樹枝上，終於無處可逃了。

下面是雪地，上面是黑貂。

但松鼠在地上逃不過黑貂的追獵。貂兩個彈跳就可追上松鼠撲倒牠。看來松鼠活不過今天了……

兔子的花招

半夜裡，一隻灰兔偷偷鑽進了果園，牠喜歡啃小蘋果樹的樹皮。到凌晨時，兩棵小蘋果樹已經被牠啃光了，這樹皮真甜啊！

雪花落到了牠的頭上，牠並不理會，仍啃著、嚼著。

村裡的公雞已叫了三遍，狗也叫了起來。

兔子這下警醒了：得趁人們還沒有起床時跑回森林去。四周是白茫茫的一片，牠的棕紅色的皮毛很顯眼；真羨慕白兔，白兔在這兒多麼安全啊！是夜裡新降了雪，還未凍實，很容易留下腳印。

灰兔一路上在雪地留下了一長串腳印：長長的後腿踩下的是長條狀的腳印，短短的前腿留下的是一個個小圓圈。每一個痕跡，都清晰可見。

灰兔經過田野，跑過了森林，雪地上留下的是非常顯眼的一排腳印。灰兔現在想跑到灌木叢裡，在飽餐之後，睡上一兩個小時。但是，牠忽然想到，腳印會暴露牠的行蹤。於是，灰兔開始耍起了花招，決定把自己的腳印弄亂。

　　天亮後，村裡人醒了，主人走進果園一看：天啊，兩棵蘋果樹被啃掉了皮！他往雪地上一瞧，便什麼都明白了，因為樹下留有兔子的腳印。他舉起拳頭憤怒著說：「你等著瞧吧，我要用你的皮來補償我的樹皮。」

　　他回到屋裡，將獵槍裝上彈藥，再度踏著雪出門。

　　瞧，灰兔就是在這兒跳過籬笆，之後牠穿過田野，直奔森林。果農進入森林，卻發現腳印竟圍繞著灌木轉圈圈。哈哈！你這花招可騙不了我，我明白你的詭計！

　　諾，這兒是第一個圈套，兔子圍繞灌木叢轉了一圈，把自己的腳印踩亂。

　　諾，這是第二個圈套。

　　他跟在腳印後追蹤，識破了這兩個圈套，手中的獵槍隨時準備擊發。

　　但是，他站住了，因為腳印中斷了，這怎麼一回事啊？四周的地面上了無痕跡。如果兔子跳了過去，也該看出來呀！

他彎下身子去看腳印，哈哈，原來是兔子耍的新花招：兔子向後轉了個身，踩著自己的腳印往回走了。爪子踩在原來的腳印裡，不仔細看還真看不出來這重疊的腳印。

他順著腳印往回走，走著走著，又走回田野裡來了。難道是他看錯了，兔子還有花招沒被識破。

他回去又順著雙重足跡走。哈哈，原來如此！原來雙重的腳印很快就中斷了，再往前，腳印又是單層的了。這麼看來，兔子應該在這兒跳到另一邊去的。

好了，就是這樣：兔子縱身一躍，越過了灌木叢，然後向一旁跳了過去。現在腳印又勻稱起來了，忽然又中斷了。又是越過灌木叢的新的雙重足跡，再往前又是跳著走了。

現在得留心察看，因為兔子就這麼走一走，跳啊跳的。看！這裡是最後一跳。這回，兔子準是在一個灌木叢下躺下了，你的花招可騙不了我！

的確，兔子就躺在附近。只是並未躺在獵人認為的灌木叢下方，而是躺在一大堆枯枝下面。

灰兔在睡夢中聽到了沙沙的腳步聲，越來越近……牠抬起了頭，發現有人在枯枝堆上行走，黑色的槍管垂向地面。

兔子悄悄地爬出了洞穴，一個箭步鑽到枯枝堆後面去

了。只能看見短短的小白尾巴在灌木叢裡一閃，接著就沒了蹤影。

果園主人哀嘆一聲，只好兩手空空地回家去了！

隱身的不速之客

在我們這兒，又來了一個夜間的盜賊。要想看見牠可不容易，因為夜裡太黑看不見，白天又不能把牠和雪分別開。牠是極地的居民，身上披著的服裝跟北方常年不化的積雪一個顏色，我們這裡說牠是北極的白色貓頭鷹。

牠的個頭比貓頭鷹小，力氣也比牠差，專吃大大小小的鳥類、兔子、老鼠、松鼠等。

在牠的故鄉凍土地帶，天冷得要命，小獸們差不多都躲到洞裡去了，鳥兒們也飛向南方去越冬，饑餓使這些北極的白色貓頭鷹不得不踏上旅途，來到我們這兒做客。到春天來臨之時，牠們才會回家。

啄木鳥的打鐵廠

在我家的菜園外面，生長著很多赤揚樹、白樺樹，還有一棵很老的雲杉樹。在雲杉樹的枝頭掛著幾個毬果，有一隻

色彩斑斕的啄木鳥飛來吃這些毬果了。

　　啄木鳥停落在樹枝上，用長長的嘴摘下一顆毬果，順著樹幹向上跳去。看到一個樹縫，便把毬果塞進去，並用長喙啄它。牠把毬果裡的種子吸出來以後，就把毬果丟下了，然後去採摘另一個毬果。牠把第二個毬果還塞在那個縫裡，第三個還是。就這樣，一直忙碌到天黑。

《森林報》通訊員　勒·庫波列爾

去問熊吧

　　為了不被寒風凍著，熊喜歡把自己的冬季住宅安置在地勢低的地方，有的會在沼澤地，有的會在茂密的雲杉林裡。但有一件事讓人覺得奇怪，如果冬季不冷且出現解凍的天氣，熊會睡到地勢高的地方，在小丘上、在小山崗上。這一點，很多獵人都可以證明。

　　這一點不難理解，因為熊害怕潮濕的天氣。而且的確是如此，如果冬天有一股融雪水流流到牠的肚皮底下去，當天氣轉冷，雪水又會結冰，牠的尾巴將變成鐵一般硬的板條，到那時候該怎麼辦呢？牠就只好結束冬眠，出洞到森林裡晃

蕩，以便活動牠的血脈來取暖了。

　　如果熊不睡覺，四處晃蕩的話，會消耗牠的體力，也就是說牠不得不吃東西，以補充自己的體力。但是，在冬天，熊很難找到吃的東西。所以察覺到有暖冬出現時，牠會選擇高的地方築洞，那裡在大地解凍時身下不會變濕。這個道理很簡單。

　　不過，牠如何得知以後會出現怎樣的冬天，是不太冷的還是寒氣逼人的，如何能在秋天的時候準確無誤地為自己選擇挖洞的地點，或在沼澤地上，或在山丘上，這一點不得而知。

　　要想明白這一點，就只有鑽到熊洞，去問熊吧！

古時和現在對森林的採伐

　　俄羅斯的古諺語說：「森林是魔鬼，在森林裡幹活，魔鬼就在你身邊。」

　　古時候，樵夫的工作充滿了兇險。他們手持斧頭，把綠色的朋友當做敵人對待。要知道，到二十世紀，人類才有了鏈鋸。

　　一個人要有充沛的體力，才能一天到晚揮動斧頭砍樹；

一定要擁有鋼鐵般的體格，才能在天寒地凍的風雪中，白天只穿著單薄的襯衫幹活，夜裡則裹著皮襖在小火爐旁或小草棚裏睡覺。

春天，人們在林子裡比冬天受的苦還多。他們需要把冬天砍伐的木柴拖出，運到河岸邊，等河水解凍了，再把木柴滾入水裡。木柴會運到哪兒，感謝之聲也會隨著到哪兒。於是，一座座城市在沿河兩岸建立了起來。

那麼，在現在是如何的呢？

在我們的這個時代，「伐木」、「砍柴」已經過時，人們已經不需要用斧頭來砍伐巨大的樹木，砍削它們的枝丫。取而代之的是機器。甚至連森林裡的道路，也都是由機器開闢、鋪平的；接著，依然由機器將木材沿著這條林道運走。

你可以看到，林間有履帶拖拉機。它是頭沉重的鋼鐵怪物，只聽人類的指令，可以闖入人們寸步難行的密林，推倒數百年的大樹，就像割草一樣簡單。它可將大樹連根拔起，輕鬆地放倒一旁，然後掃除障礙，清理地面，順便開闢出運輸道路。

道路的開闢，也帶來了移動式的大型發電機。汽車載著

發電機，人們手持電鋸走向大樹，身後是一根根像長蛇般包著橡皮的電線。電鋸那尖利的鋼齒毫不費力地鋸入堅固的樹身，就像刀子切黃油般輕鬆。也就半分鐘吧，直徑半公尺粗的樹就被鋸斷了。而這樣一棵大樹，往往要長上上百年。

當周圍一百公尺之內的樹木都鋸完後，汽車就會載著發電機繼續前進。後面，則會有運樹專用的怪手（抓木機）進來接班。它一爪抓起十幾根原木，走向運材林道，林道上已有一台巨大的原木運輸車在等著，這車會將木材運往附近的森林鐵道。在那裡，停著一列運材火車，上面已有很多原木。等火車集滿原木後，會駛向指定的土場、木材倉棧或河邊集散地。這些木柴將會被加工成原木板材、造紙原料。

這些木材，會被運到遠方草原上的村莊、城市和工廠裡，也會被運到一切需要木材的用戶手裡。

大家都知道，樹木的生長是很緩慢的，樹苗栽種後需要幾十年的時間才能成林！但在如此先進的技術下，消滅一片森林是多麼容易的事啊！因此，必須嚴格按照國家制定的計畫來採伐，否則，我們很快地會失去森林資源。

在我國，伐木單位在採伐森林後，會立刻營造新林，栽上名貴的樹木。

農莊裡的事兒

集體農莊的莊員們今年的勞動十分有成效，每公頃收穫了一千五百公斤的糧食，而有的地方每公頃收穫了兩千公斤的糧食也常見。有些優秀工作隊的成績更是非常卓越，像斯達漢諾夫小隊，還被褒獎呢！

我們國家十分敬重在田間辛勤工作的人，每年都由國家出面，獎勵那些有良好成績的集體農莊或個人。

眼看著冬季就要來臨，各個農田的作業也幾乎都結束了。

婦女們此時在奶牛場工作，男人們此時在餵養牲口。有獵狗的人會到森林裡捕松鼠，另一些人則去撿材伐木了。

灰色的山鶉漸漸走近了農舍。

孩子們每天高興地出門上學。白天，他們會抽空佈置鳥網，或在小山上滑雪，或者滑雪橇；晚上，他們鳩乖乖地做作業，或者讀書。

H. 帕甫洛娃

160

我們比牠們的心眼多

一場大雪過後，老鼠在雪下挖了一條通道，直通到我們苗圃的小樹前。可是，我們比牠們的心眼多，在每一棵苗木樹幹的周圍把積雪踩得嚴嚴實實。這樣一來，老鼠就無法鑽到小樹前面來了；有些老鼠鑽到了雪外，那牠就會被凍死。

危害果樹的兔子也常常進入果園，我們也想出了對付兔子的辦法，就是把所有果樹的樹幹用麥稈和有刺的雲杉樹枝包起來。

季馬·博羅多夫

H. 帕甫洛娃 報導

吊在細絲上的房子

有一種小房子，吊在一根細絲上，風一吹，就隨風晃蕩。這個房子沒有防寒設備，牆壁只有一張紙那麼薄。有誰可以在這個小房子裡過冬嗎？

很難想像，在這麼寒冷的天氣裡，它確實是可以過冬的。我們看到許多如此簡陋的房子，它們用蛛絲般的細絲吊在蘋果樹的枝頭，這種小房子是用枯葉做的。在集體農莊裡，莊員們看到了就會把它們取下來，燒掉。原來，裡面住著一些壞傢伙！像山楂粉蝶的幼蟲等害蟲。如果讓牠們在裡面過冬的話，到了春天，牠們又會啃壞蘋果樹的芽和花。

凡事利弊各半，森林也是如此。森林中有不少野獸會危害人類的利益，人類反過來可以用森林裡的材料修理牠們。

在昨天夜裡，光明之路集體農莊差一點失竊：午夜時分，一隻大兔子跑進了果園，企圖啃掉小蘋果樹的樹皮，但蘋果樹的樹皮似乎長了刺，這個歹徒無計可施下，才悻悻地離開了果園，跑進森林。

　　集體農莊的莊員們預見到會有森林裡的小偷來侵襲他們的果園，所以他們砍了許多雲杉枝條，把蘋果樹幹包了起來。

深棕色的狐狸

　　在郊區紅旗集體農莊裡，新建了一個獸類養殖場。昨天運來了一些深棕色的狐狸。有一些人跑來觀看這些狐狸，剛會跑的小小孩兒也來了一大群。

　　狐狸怯生生地看著周圍的人。只有一隻，安安靜靜地打了一聲哈欠。

　　這時候，一個裹著白頭巾、戴著帽子的小孩叫道：「媽媽，可別把這隻狐狸圍到脖子上，牠會咬人的。」

在溫室裡

　　在勞動者農莊裡，大家正在挑選小蔥和小洋芹。

　　生產隊長的孫女問：「爺爺，這是給牲口預備飼料嗎？」

　　隊長笑起來了，他說：「不是的，乖孫女，我們要把這些小蔥和小洋芹種到溫室裡。」

　　「栽種在溫室裡幹什麼？是讓它們長大嗎？」

　　「不是的，乖孫女，是因為這樣我們才能常常吃到綠色蔬菜。冬天，我們在吃馬鈴薯的時候，就有蔥花可以撒了，做湯時也可以在裡頭放入芹菜葉。」

用不著蓋厚被子

上個星期日，一個外號叫「強嘴傻大個兒」的九年級學生米卡，到曙光集體農莊去玩。在馬林果灌木叢邊，他遇到了工作隊長費多謝伊奇。

「老爺爺，您的馬林果不怕凍死嗎？」米卡用一種充滿內行的語氣問著，其實他一丁點也不懂。

「不會的，它在雪下面正平平靜靜地過冬。」

「在雪下面過冬？老爺爺，您腦子沒有問題吧？您要知道，這些馬林果比我還高啊，它們能會在這麼深的雪裡過冬嗎？」

「我指望的是普通的雪，並不需要下這麼厚。問你一下，你冬天蓋被的時候，難道被子比你站著的時候還厚嗎？還是比你的身長薄？」

「這跟我的身長有什麼關係啊？我蓋被子的時候是躺著的，您明白嗎？老爺爺！」

「可我的馬林果也是躺著蓋的雪被子，只是你自己躺在床上，而馬林果呢，是由我把它彎向地面。我把一叢灌木壓向另一叢灌木，再把它們綁起來，它們就躺在地上了。」

「原來是這麼一回事！老爺爺，您比我想像中的要聰明啊！」

「只可惜，你沒有我想像的聰明！」

H. 帕甫洛娃

助手

現在每天都可以在農莊的糧倉裡，碰到孩子們。他們有的在幫忙挑選種子，以便明春可以播種，有的在菜窖裡挑選出最好的馬鈴薯留種。

男孩們也會在馬廄和打鐵廠幫忙。

更多的孩子則到奶牛場、豬圈、養兔場，或是家禽養殖場工作。

我們一邊在學校裡讀書，一邊協助家裡幹農活。

少年隊大隊長　尼古拉·利瓦諾夫

華西里島區的烏鴉和寒鴉

涅瓦河開始結冰了，現在，約每天下午四點鐘，華西里島區的烏鴉和寒鴉會在施密特中尉橋──八號大街的對面──下游的冰上聚集。

牠們亂作一團，吵鬧一陣，然後分作好幾群，飛往華西里島上各家花園裡過夜。牠們都住在自己所喜愛的花園裡。

偵察員

城市花園和公墓的灌木與喬木需要人類保護，它們遇到了敵人，人類是對付不了的。那些敵人又狡猾又小，園丁不容易看見它們，此時就需要專門的偵查員了。

我們可以在果園和墳場上，看到這些偵查員的身影。

牠們的首領是穿著花衣服、帽子上有紅帽圈的啄木鳥，啄木鳥的嘴像一根長槍，牠會把嘴啄到樹皮裡去，並斷斷續續地發出口令：快克，快克！

接著，山雀便聞聲趕來，其中有黑不溜秋的煤山雀，有戴著尖頂帽的鳳頭山雀，有樣子像一枚帽頭很粗的釘子的褐頭山雀。這支隊伍裡還會穿梭著

身穿棕紅色外套、嘴像把小錐子的旋木雀，同時有胸脯白白的、嘴巴尖尖的、身穿藍色制服的鳾（ㄕ）。

啄木鳥發出了口令：快克，快克！鳾重複著牠的命令：特甫奇！山雀也作出相應的回應：采克，采克，采克！於是，整支隊伍浩浩蕩蕩地出發了。

這些偵查員會迅速佔據樹幹和樹枝，啄木鳥開始啄穿樹皮，用牠那又尖又硬的針尖似的舌頭，從樹皮裡掏出小蠹蟲。鳾會把牠的頭朝下並圍著樹幹來回飛，把牠鋒利的「小短劍」刺進去。旋木雀會在下面的樹幹上奔跑，用牠的歪錐子戳破樹幹。山雀會在枝頭成群結隊地旋轉，向每一個小洞和每一條小縫隙裡張望，只要有小害蟲，都逃不過牠們尖銳的眼睛和靈巧的嘴巴。

捕鳥的一些辦法

天氣繼續變冷，那些可愛的小鳴禽挨餓受凍的日子來到了，請多多關心牠們吧！

如果你家有花園或者小院子，很容易可以把鳥兒吸引過去。在食物短缺的季節餵餵牠們，在天冷和有風暴的時候給牠們安置個人工鳥巢。假如能引來一些這樣可愛的鳥兒，住到你為牠準備的房間裡

去，那麼就可以聽牠每天為你唱歌。

你可以在人工鳥巢的露臺擺上大麻子、大麥、黍子、麵包屑和肉末、沒醃過的肥肉、凝乳、葵花子，即使是住在大都市裡，這麼做，也會有小客人到你的小房子裡去吃東西和住下來。

我們可以用細鐵絲或細繩子，將其中一頭拴在人工鳥巢的小門上，另一頭則穿過人工鳥巢的小窗戶通到房間。需要給鳥兒關門保暖的時候，只要一拉，小門就能關上。

打獵的事兒

秋天，是捕獵毛皮有實用價值的小獸之季節。快到 11 月份的時候，這些小獸的皮毛已經長齊，牠們脫掉了薄薄的夏裝，換上了暖和而蓬鬆的冬大衣。

捕獵松鼠

你會好奇，小小的松鼠有什麼了不起？

在我們國家的狩獵事業裡，松鼠比所有的野獸都重要。在全國，每年光松鼠尾巴的銷售就要數千捆。人們喜歡用松鼠蓬鬆的尾巴製作帽子、衣領、耳套或者其他防寒用品。

松鼠的毛皮和尾巴可以分開銷售。人們用松鼠的毛皮製作大衣和披肩，那些美麗的淡藍色女式大衣，既輕巧，又舒適暖和。

松鼠一換完毛，獵人就開始狩獵了。在松鼠經常出沒的地方，甚至能看到老人家和十二、三歲的少年打獵的身影。

在狩獵期間，獵人會集成小團體，也會單獨行動。他們常常在森林裡一待就是好幾個星期，從早到晚乘著滑雪板在雪地裡穿梭，有時用獵槍射擊，有時用捕獸器或陷阱。

獵人通常住在土窯裡，或者很矮的小房子裡。燒飯則用一種類似爐壁的爐子。

幫助獵人追獵松鼠的獵狗，最好的是北極犬，如果沒有了北極犬，獵人就會像失去了眼睛一樣迷失方向。

北極犬是一種特殊的犬種，牠是北地犬，在冬季的密林裡打獵，世上沒有其他種類的獵狗能比得上牠。

牠會幫你找到白鼬、黃鼬、水獺、水貂的洞穴，會替你咬死這些小野獸。在夏天，北極犬會從蘆葦蕩裡趕出野鴨，會從密林裡趕出琴雞。而且牠們不怕水，即使水很涼，牠們還會下水叼回中槍的野鴨。在秋季和冬季，北極犬會幫助主人捕獵松雞、黑琴雞。松雞、黑琴雞面對伺伏的獵犬會沉不住氣，北極犬會發出汪汪汪的叫聲，從而引起主人的注意。

另外，帶上北極犬，還可以在沒有下雪的初寒時期，或者大雪紛飛的夜晚，幫你找到駝鹿和熊。

當你遇上野獸攻擊時，這個忠實的朋友決不會拋棄你。牠會繞到野獸身後攻擊，讓你有時間裝上彈藥，射殺野獸；或者，甚至會犧牲自己，保護主人。最奇特的是，北極犬能幫獵人找到松鼠、貂、黑貂和猞猁。這些在樹上生活的野獸，是其他種類的獵狗難以找到的。

在冬季，或是深秋時節，置身於雲杉林、松樹林或針闊葉混合林裡，四周將是一片死寂。沒有野獸的身影，也沒有飛禽鳴叫的聲音，就像一片荒漠。這時，如果帶上一隻北極犬，就不會感到寂寞了。牠一會在樹根下找出一隻白鼬，一會從樹洞裏撞出一隻白兔，一會又順便叼起一隻林鼴鼠，甚至還能找到躲在濃密的松枝間不露面的松鼠。

可是，獵犬既不會飛，也不會爬樹，如果松鼠不到雪地上來，那北極犬是如何找到牠的？

捕捉野禽的長毛獵犬和追蹤獸跡的兔　，都需要靈敏的鼻子。鼻子就是這兩種狗最重要的「工具」。這些獵犬，即使眼睛和耳朵都太銳利，也照樣能稱職地工作。

對於北極犬，牠則具備三個工作器官：細膩的嗅覺、銳利的視力和靈敏的聽力。北極犬可以瞬間把三個器官調動起來。只要有松鼠用爪子在樹枝上抓一下，牠就能豎起警惕的耳朵，彷彿知道松鼠在哪裡。風兒把松鼠的氣息吹到下面，北極犬就可以得知，松鼠一定在那裡。這樣一來，北極犬就能發現樹上的松鼠，並朝著松鼠汪汪叫，引來主人的發現與獵取。

一條優秀的北極犬，在發現松鼠藏身處後，不會向樹上

撲過去，也不會用爪子去抓樹幹，因為那樣會驚動藏身的松鼠。牠們會很精明地坐在樹下，眼睛死死盯住松鼠藏身的地方，並不時發出叫聲。只要主人還沒有到來或呼喚牠回去，牠不會從樹下離開的。

這樣看起來，捕獵松鼠的過程十分簡單。松鼠被北極犬發現後，注意力將被北極犬緊緊吸引，這時獵人只需悄悄靠近，不發出聲響，不做出激烈動作，好好瞄準再開槍就行了。

用霰彈打松鼠，不容易打中，獵人一般是用鉛彈射擊。專業的獵手，只會射擊松鼠的頭部，這樣才不會傷了松鼠的皮毛。在冬季，松鼠抵抗槍傷的能力極強，所以射擊要準確、打得中才好。不然，松鼠躲進茂密的針葉叢裡，就找不到牠了。

捕獵松鼠，還可以用其他捕獸器。

製作並裝置陷阱的方法如下：取來兩塊短短的厚木板，上下平行裝在兩棵樹幹之間。在兩塊木板之間豎立一根細棒子，支撐著上面的木板，不讓它落下來。細棒子上要拴著有氣味的誘餌：烤熟的菌菇或曬乾的魚等。只要松鼠一拉誘餌，上面的木板就會掉下來，把松鼠夾住。

只要雪不是很深，整個冬季都可以捕獵松鼠。到了春

季，松鼠會換上夏毛；而到了深秋，牠們就會換上茂密的淺灰色冬毛——在這之前，獵人是不會獵殺牠們的。

帶斧頭打獵

獵人們捕獵兇猛的小野獸時，用槍的機會沒有用斧頭的機會多。北極犬可以憑直覺找到藏在洞裡的黃鼬、白鼬、銀鼠、水貂或水獺，但要如何把牠們從洞裡趕出來，那就是獵人的事了。可這件事做起來並不簡單。

小獸在地底、石堆裡和樹根下，為自己佈置了安身的洞穴。當牠們感到危險時，不到緊要關頭，是不會離開自己的庇護所的。於是，獵人只好用探棒或小鐵棍，伸進洞裡去攪，或者用手搬開石頭，用斧頭劈開粗大的樹根，接著再刨開凍結的泥土；或是用煙把小獸從洞裡燻出來。

只要小獸一跳出來，就沒有地方可以逃命了，北極犬會迅速地跑過去，把牠咬死。

獵貂

森林報特派記者報導

在森林中獵貂的難度很大，但找出牠捕食鳥獸的地方卻不太難。只要看看那些已經被踩踏的亂七八糟、還留有血跡的雪地，八成就是貂在飽餐之前活動的地方。只是牠們飽餐之後的藏身住所，就需要有一雙銳利的眼睛才能找到了。

貂除了在地上奔走，也會像松鼠一樣在樹幹上行進：從一根樹枝跳到另一根樹枝，從這棵樹跳到另一棵樹。這樣雖然不會在地上留下足跡，牠們卻不知道如此也會留下痕跡：那些折斷的樹枝、獸毛、毬果、針葉、小塊樹皮，都會從樹上掉下來落進雪裡。專業的獵手可以根據這些痕跡，來判定貂在空中的道路。這條道路往往是很長的，有幾公里遠。應當去留心，才能毫無差錯地跟蹤牠。

一次，塞索伊奇找到貂的痕跡，但是他沒有帶獵狗，只好自己去追尋那隻貂。

他乘著滑雪板走了很長一段時間，然後很有把握地往前跑一二十公尺，因為那裡有貂的腳印，他又全神貫注地看了貂留下的、不易被看出的痕跡。他很懊惱，因為沒有帶他忠

實的北極犬出來。

到天黑的時候，塞索伊奇還在森林裡，他只好點起了一堆篝火，一邊從懷裡掏出一大片麵包吃起來。

他睡了一覺。早晨，貂的痕跡把他引向一棵很粗的雲杉樹前。塞索伊奇發現在這棵雲杉樹枝上有一個樹洞，他感到很慶倖，想必貂一定在這裡過夜，而且到現在還沒有出來。塞索伊奇就扳好了獵槍，左手還舉起了一根樹枝，在雲杉的樹幹上觸碰了幾下，就把樹枝扔掉了。他雙手端起了獵槍，準備只要貂一出來就馬上開槍。但是，貂沒有出來。塞索伊奇很納悶，又撿起了樹枝，使勁地敲了幾下樹幹，貂還是沒有出來。

「是怎麼一回事呢？可能貂在睡覺吧！但也該醒來了！」

無論塞索伊奇怎麼敲樹幹，貂始終沒有出來。原來貂不在樹裡，塞索伊奇才想起來要圍繞著雲杉樹看個明白。

這棵雲杉樹裡面都空了，在樹幹的另一面，在一堆枯枝下面，還有一個出口。樹枝上的雪是被碰掉的，貂從雲杉的這一頭鑽出了樹洞，逃到旁邊的樹上去了。這些粗樹幹擋住了塞索伊奇的視線，因此他沒有看見。

想了一會兒，塞索伊奇便往前跑，繼續追蹤。他又在那些難以發現的痕跡之間，彷徨了一整天。

　　後來，塞索伊奇終於找到了一處痕跡，從這痕跡可以清楚地顯示，貂離他沒有多遠。但那時天已經黑了，塞索伊奇只在樹上找到一個松鼠窩。

　　從種種跡象看來，貂是從這裡把松鼠趕了出來，然後在樹上追逐了很久；最後，松鼠可能失足掉落地面，貂大步流星地竄了上去，可憐的松鼠也就成了貂的美食了。

　　事實的確是如此，但塞索伊奇已經無力追蹤了。從昨天開始，他粒米未進，什麼東西也沒吃，身上連麵包屑都沒有了。現在寒氣又要降臨，如果在林子裡過夜，將會被活活凍死。

　　於是，塞索伊奇很不高興地嘟囔了幾句，開始順著自己的來時路往回走。他邊走邊想：如果能碰到這隻貂，我即刻就會開槍，一槍就能搞定。

　　塞索伊奇一肚子火，從肩膀上卸下獵槍，再次經過松鼠窩時，瞄也不瞄，對著牠開了一槍。他這樣做，只不過是借此發洩一下心頭的怒火罷了。

　　這時，樹枝和苔蘚從樹上掉下來，讓塞索伊奇驚奇的

是，竟有一隻細長的貂掉在他的腳旁。這隻貂在臨死之前，還在抽蓄呢！

後來塞索伊奇才得知，這樣的情況並不少見：貂在捉住了松鼠後，把松鼠吃到肚子裡，然後就鑽進松鼠的窩裡去睡覺，而且蜷縮著身子，想美美地睡上一覺。

白天和黑夜

12 月中旬，鬆軟的白雪已經下到和人類的膝蓋齊平的深度了。

在夕陽西墜之際，黑琴雞蹲立在光禿禿的白樺樹上待著不動，給緋紅色的天幕映出一道黑影。接著，黑琴雞會一隻接著一隻地向樹下面的雪地裡撲去，然後就不見了蹤影。

黑夜降來，今晚是一個沒有月亮的夜，四處黑漆漆的一片。

塞索伊奇此時走到黑琴雞消失的空地上，他手持著捕鳥網和火炬，那個浸了松脂麻絮的火炬燒得旺旺的，黑夜就如幕布一般被推到一邊去了。

塞索伊奇一邊往前走，一邊仔細地聆聽著。

忽然，在離他只有兩步遠的地方，從雪底下鑽出一隻黑

琴雞。明亮的火光晃得黑琴雞難以睜開眼睛，牠像隻黑甲蟲沒有方向地在原地打轉。塞索伊奇馬上走過去用網子逮住了那隻黑琴雞。

塞索伊奇就是這樣在黑夜裡捕捉黑琴雞的。

但是，在白天的時候，他卻乘著雪橇用槍獵捕黑琴雞。

這件事令人頗覺奇怪：因為停在樹上的黑琴雞，無論如何也不會等著人走過來對牠們開槍的。可是，如果獵人乘坐在雪橇上，即便載著農莊的大批貨物，這些黑琴雞就難免成為槍下遊魂了。

為鳥類提供免費食堂

首先,你要在窗外用繩子懸掛一塊木板,在上面撒上鳥食飼料。例如,大麻子、花楸漿果、燕麥、刺實、乾燥螞蟻卵、蟑螂等。

其次,你可以將有飼料的瓶子固定在一個樹幹上,在瓶子下面要放上一塊木板。

再次,可以在花園和果園裡放置有蓋子的飼料臺,這樣,雪就不會飄落在裡面,鳥兒就能安心地用餐了。

為田野裡的山鶉準備小窩

要用雲杉條搭建小窩棚,並在小窩棚裡撒上大麥和燕麥,這樣山鶉就不至於挨餓了。

What's Nature
森林報——秋之紅
作　　者：（前蘇聯）維‧比安基（Vitaly Valentinovich Bianki）
編　　譯：子陽
插　　畫：蔡亞馨（Dora）
總 編 輯：許汝紘
副總編輯：楊文玄
美術編輯：楊玉瑩
行銷企劃：陳威佑
網路行銷：劉文賢
發　　行：許麗雪
出　　版：信實文化行銷有限公司
地　　址：台北市大安區忠孝東路四段 341 號 11 樓之三
電　　話：（02）2740-3939
傳　　真：（02）2777-1413
網址：www.whats.com.tw
E-Mail：service@whats.com.tw
Facebook：https://www.facebook.com/whats.com.tw
劃撥帳號：50040687 信實文化行銷有限公司

印　　刷：上海印刷廠股份有限公司
地　　址：新北市土城區大暖路 71 號
電　　話：（02）2269-7921

總 經 銷：高見文化行銷股份有限公司
地　　址：新北市樹林區佳園路二段 70-1 號
電　　話：（02）2668-9005

2015 年 6 月 初版
定價：新台幣 320 元

更多書籍介紹、活動訊息，請上網輸入關鍵字 高談網路書店 搜尋

國家圖書館出版品預行編目 (CIP) 資料

　森林報：秋之紅 / 維. 比安基著；子陽編譯. --
初版. -- 臺北市：信實文化行銷, 2015.06
　　面；　公分. -- (What's nature)
　譯自：Forest Newspaper for Every Year
　ISBN 978-986-5767-67-9(精裝)

1. 森林 2. 動物 3. 植物 4. 通俗作品

436.12　　　　　　　　　　　　　104006373

森林報（全四冊）

暢銷全球的森林繪圖故事

春天，來自森林裡的第一份電報：

雪，融了，不再像冬天那樣的強壯，正變得虛弱無力
原本遮著陽光的雲也飄走了，浮現在眼前的是大朵的積雲和蔚藍的天空
光禿禿的榛子樹枝上，開始綻放的美麗的柔荑花
雲雀和椋鳥也回來了，他們開始高聲歌唱
堵住洞口的雪動了起來，原來是原本在冬眠的獾甦醒了……

春之舞

　　禿鼻烏鴉從南方飛回，揭開森林之春的序幕。候鳥回歸，　蛇在太陽下曬日光。動物們在森林裡召開的音樂會特別響亮，秧雞也從遙遠的非洲徒步返鄉。

夏之花

　　花草開始儲存太陽的生命力，鳥兒忙著築巢下蛋。鳥兒開始哺育後代，草莓和黑莓漸漸成熟。幼鳥學飛，蜘蛛帶著細絲在空中飛翔。

秋之紅

　　候鳥悄然遠行，漆樹的翅果在風中尋找歸宿。西風開始蒐集樹葉，松鼠把蘑菇穿在松樹枝上，當作冬天的點心。秋天到來。

冬之雪

　　積雪掩埋，狼、狐狸和狗分別寫下不同的字跡。白雪覆蓋了一切。當禿鼻烏鴉再次出現，新年又將從頭再來。

特別報導

雲杉、白樺與白楊之間的「三國演義」

　　4月，雲杉國派出滑翔機般的種子，讓它們空降到一處林間空地，企圖占領「新大陸」。5月，野草大軍侵入這片空地，用草根把多數小雲杉在地下活活勒死。此時，白楊國派出白色獨腳小傘兵，準備發動奇襲。不久，白樺國的種子也坐著小滑翔機趕過來，參加三國大戰。

　　第二年春天，白楊和白樺兩國聯手對敵，令雲杉國大傷元氣。直到白楊國和樺樹國開始互相傾軋，這才給了雲杉國一線可乘之機。三十年後，三足鼎立的局面徹底形成。一百年後，雲杉國憑著悠長的後勁滅掉異國，一統江山。